Johannes Kottjé

Fachwerkhäuser

Stilvoll renovieren und umbauen

Mit einem Beitrag der
Deutschen Stiftung Denkmalschutz

Deutsche Verlags-Anstalt

Inhalt

Faszination Fachwerkhaus

GESCHICHTE, KONSTRUKTION, FACHWERKTYPEN, SANIERUNG

Fachwerkhäuser prägen bis heute das Bild etlicher Städte und Landstriche in Mitteleuropa. Auch in Deutschland gibt es trotz Kriegen und zwischenzeitlichem Abrisswahn noch eine Vielzahl zusammenhängender Straßenzüge und Stadtkerne, die von den markant-grafischen Fassaden der historischen Holzhäuser dominiert werden; und erst recht haben sich allerhand Einzelgebäude erhalten.
In diesem Buch werden Häuser aus vielen Fachwerkregionen des deutschsprachigen Raums vorgestellt, die man in den letzten Jahren renoviert, restauriert oder auch partiell rekonstruiert hat; sie dienen ganz überwiegend Wohnzwecken. Im Vordergrund stand bei der Zusammenstellung weniger die architekturhistorische Vielfalt der Bauten als die Vielfalt der Wege zur Revitalisierung derartiger Häuser. Dem an Fachwerk interessierten Leser mag die Sammlung einen Überblick darüber geben, welche Möglichkeiten es zur Wiederbelebung alter Fachwerkhäuser gibt.
Wer selbst als Bauherr, Planer oder Ausführender mit der Sanierung eines Fachwerkhauses zu tun hat, kann viele praktische Anregungen und Denkanstöße finden. Zudem können die Beispielprojekte Mut machen: Auf eigenen Seiten wird der Zustand vieler Häuser vor und während der Sanierung gezeigt, was den meist immensen Aufwand veranschaulicht – doch die Bilder von heute zeigen, dass sich dieser Aufwand lohnt!

Ein Blick in die Geschichte des Fachwerkbaus

Auch in Teilen anderer heutiger Länder, beispielsweise Nordfrankreich, Belgien oder England, gibt es Fachwerkbauten in nennenswertem Umfang. In Deutschland wird die Bauweise aufgrund des landesweiten Vorkommens oft mit »deutscher Idylle« gleichgesetzt, doch ist wohl inzwischen allgemein anerkannt, dass es sich bei Fachwerkhäusern keineswegs um antiquierte Kulissenarchitektur handelt, im Gegenteil: Viele sind von hohem baugeschichtlichem und kunsthistorischem Wert sowie konstruktive Meisterleistungen – gilt es doch zu berücksichtigen, mit welch einfachen Mitteln die Gebäude entstanden sind und wie viele Jahrhunderte sie teils überdauert haben!

Freilich wäre es illusorisch zu glauben, ein 100 bis 700 Jahre altes Haus könnte heute noch so dastehen wie am ersten Tag. Jedes historische Haus, gleich in welcher Bauweise, hat eine Vielzahl von Veränderungen hinter sich: Umbauten, Anbauten, Instandhaltungsarbeiten und Renovierungen brachten stets auch einen Verlust an Originalsubstanz mit sich – oft aber auch einen Gewinn an wertvollem Neuem! So ist aus heutiger Sicht die Baugeschichte eines Hauses, das zahlreichen Veränderungen unterlag, oft besonders interessant.
Mit jeder Renovierung, Restaurierung, Modernisierung oder sonstigen Umbaumaßnahme setzt sich die Baugeschichte eines Hauses fort – und um Fachwerkhäuser, deren Baugeschichte um einen weiteren Schritt ergänzt wurde, geht es in diesem Buch. Viele Veröffentlichungen, von denen eine Auswahl auf S. 175 aufgeführt ist, beschäftigen sich intensiv mit der Geschichte und Theorie des Fachwerkbaus, mit dem richtigen Umgang mit Fachwerkbauten, mit dem, was man aus denkmalpflegerischer Sicht machen kann und damit, wie man es richtig macht. In unserem Zusammenhang geht es darum, was konkret mit ausgewählten Häusern gemacht wurde. In manchen Fällen war es ein großer Schritt für das Haus, in manchen ein kleinerer, manchmal sogar ein bewusster Schritt zurück – um dem Haus auf diese Weise eine Fortsetzung seiner Geschichte zu ermöglichen.
Über den Umgang mit einigen der im Hauptteil vorgestellten Häuser könnte man trefflich diskutieren. In welchem Umfang soll, muss oder darf man Verlorengegangenes rekonstruieren? Muss jedes original erhaltene Bauteil erhalten werden? Was ist überhaupt »original« an einem Haus, das mehrere hundert Jahre Standzeit hinter sich hat? Darf man kunstvolle barocke Substanz zerstören, um eine gotische Bauphase zu rekonstruieren? In welchem Maße darf man moderne Gestaltungselemente einbringen? Vergessen sollte man dabei weder, dass jede Renovierung oder Restaurierung als individueller Einzelfall betrachtet werden muss, noch, dass es zu keiner diesbezüglichen Frage eine alleingültige Ansicht geben kann.
Anliegen des Buchs ist eine möglichst ausführliche Darstellung der ausgewählten Projekte, weniger ein reprä-

1 Konstruktion und Zierde zugleich: Glockengeschoss eines Kirchturms in Fachwerk

2 Auch viele andere Bauten wurden als Fachwerkkonstruktion errichtet: hier eine Turnhalle in Stade.

3+4 In vielen Orten prägen auch heute noch Fachwerkhäuser das Bild – sei es in Verbindung mit anderen Bauten oder homogen in kompletten Fachwerkorten.

5 Neben Wohngebäuden entstanden insbesondere landwirtschaftliche Nutzbauten in Fachwerkbauweise.

1

2

3

4

5

1

2

3

4

5

6

7

8

9

10

11

1 Bei Stadthäusern des 19. Jahrhunderts wurde Fachwerk oft nahezu rein konstruktiv eingesetzt.

2 Die Schauseiten dieses städtischen Fachwerkhauses geben sich den Anschein eines Massivbaus, die Rückfassade lässt die Bauweise erkennen.

3 Oft entstanden auch nur Gebäudeteile in Fachwerkkonstruktion.

4 Norddeutscher Giebel in Stockwerkbauweise

5 Eine Fassade in Geschossbauweise

6 Instandgesetztes Konstruktionsfachwerk, vorbereitet zum Bekleiden mit einem Wärmedämmverbundsystem

7 Markant-schiefe Wände sind typisch für viele Fachwerkbauten.

8 Bereits der Ursprungsbau (links) wurde auf einen hohen Bruchsteinsockel gesetzt. Der Anbau (rechts) hält nochmals mehr Abstand zum Baugrund.

9+10 Auch dieses urige Haus scheint nur auf den ersten Blick ein Massivbau zu sein.

11 Das Zapfenloch eines Fachwerkständers: Hier griff einst der Zapfen einer Strebe ein.

sentativer Querschnitt durch die Fachwerkvariationen des deutschsprachigen Raums. Wollte man sämtliche Fachwerkgefüge aus sämtlichen Fachwerkregionen dieses Raums in gleichem Umfang beispielhaft darstellen, entstünde ein mehrbändiges Werk: Die ältesten erhaltenen Fachwerkhäuser stammen aus der zweiten Hälfte des 13. Jahrhunderts; bis zum Beginn des 20. Jahrhunderts wurde die Bauweise regulär angewandt. Auch wenn sich am Grundprinzip über die Jahrhunderte erstaunlich wenig geändert hat, gab es doch stetige Weiterentwicklungen. Bis etwa 1600 betrafen diese in erster Linie die Konstruktion und erst hieraus abgeleitet die Erscheinungsform. Danach war die konstruktive Entwicklung des Fachwerkbaus abgeschlossen, doch nun entwickelten sich immer wieder neue, oft reichhaltige Zierformen – insbesondere zu Zeiten der Renaissance und des Barocks.
Ab dem 18. Jahrhundert gab es teils strenge Bauauflagen für Fachwerkhäuser, die den Brandschutz, aber auch den Schutz des Waldbestands betrafen. So wurde in manchen Regionen ein massives Erdgeschoss gefordert, in anderen durften nur bestimmte Hölzer zum Hausbau verwendet werden. All dies hatte selbstverständlich Auswirkungen auf das Erscheinungsbild von Neubauten in Fachwerkbauweise. In manchen Gegenden entstanden zur Zeit des Klassizismus im 19. Jahrhundert städtische, mehrgeschossige Wohnbauten in schmucklosem Konstruktionsfachwerk, das mit typischen Zierelementen dem damals modernen Stil angepasst wurde.
Häufig verbindet man mit Fachwerkkonstruktionen ausschließlich Wohn- und Wirtschaftsgebäude. Dies entspricht allerdings nicht der baulichen Realität: Nutzbauten vieler Art, aber auch Repräsentationsgebäude oder Kirchen bedienten sich der Bauweise – häufig nicht durchgängig, doch zumindest für Gebäudeteile.

Die Konstruktion von Fachwerkbauten

Das konstruktive Grundprinzip von Fachwerkbauten ist so einfach wie genial: Senkrechte Hölzer (Ständer) tragen die vertikalen Lasten des Hauses ab; horizontal angeordnete Hölzer, auf denen die Ständer aufstehen (Schwelle), die oberhalb durchlaufen (Rähm) und zwischen den Ständern angeordnet sind (Riegel), verbinden die Ständer und leiten die Horizontalkräfte weiter, schräg eingefügte Hölzer (Streben, Bänder und Auskreuzungen) steifen gegen Horizontalkräfte aus. Die wandbildende Ausfachung der zwischen den Hölzern verbleibenden Räume, der Gefache, erfolgt regional und zeitlich unterschiedlich: Am meisten verbreitet waren Lehmausfachungen mit einer armierenden Ausstakung aus Weidengeflecht. In Norddeutschland schätzte man die Ausfachung mit Ziegeln, doch auch andere Materialien, etwa Bruchstein, kamen infrage.
Auf diesem konstruktiven Grundprinzip basieren sämtliche Spielarten des Fachwerks, die sich über die Jahrhunderte entwickelten. Insbesondere die aussteifenden Streben, Bänder und Auskreuzungen wurden zu diversen Schmuckformen weiterentwickelt.
Während sich in Norddeutschland und in Westfalen das niederdeutsche Hallenhaus in Rahmenbauweise mit hintereinander aufgereihten, verbundenen Rahmen innerhalb des Hauses durchsetzte, entwickelte sich ansonsten die Wandgerüstbauweise, bei der zwei Außenwände die Dachlasten abtragen, die beiden anderen Außenwände sowie innere Querwände aussteifen und die Deckenlasten abtragen.
In konstruktiver Hinsicht von wesentlicher Bedeutung ist die Weiterentwicklung der Geschossbauweise hin zur Stockwerksbauweise. Bei der Geschossbauweise laufen die Ständer über die gesamte Haushöhe durch. Die tragenden Balken der Zwischendecken sind in diese »eingeschossen«. Insbesondere für höhere Gebäude benötigt man hierzu jedoch sehr lange Baumstämme zur Fertigung der Ständer, und das Aufstellen der am Boden vorgefertigten Wände erforderte enorme Kraft.
Man ging daher dazu über, die Gebäude stockwerksweise zu errichten. Dabei war jedes Stockwerk eine eigenständige Konstruktion. Während an einigen Geschossbauten nicht nur die Ständer, sondern auch die Streben über mehrere Etagen reichen, bildet jedes Stockwerk von Stockwerksbauten eine für sich ausgesteifte Einheit, die auf die Etagen darunter lediglich Vertikalkräfte überträgt.

1 Diffusionsdichte Anstriche waren eine Zeit lang zur Fachwerkrenovierung beliebt – und verursachten immense Schäden.

2 Hier hat Schwammbefall ein Fachwerkhaus zum Einsturz gebracht – so weit muss es nicht kommen.

3 Teilungen eines Hauses können skurrile Blüten treiben – mit unter Umständen katastrophalen Folgen für das Haus.

4 Verfaultes Holz unter einem diffusionsdichten Anstrich – dann hilft nur noch der Komplettaustausch.

5 Hier wuchs der Efeu der Fassade in die Fugen der Fachwerkkonstruktion.

6 Historische Holzbekleidung eines Fachwerkhauses

7 Die Fußpunkte dieser Fachwerkwand waren verfault und mussten entfernt werden; hier wird die Wand gerade zum Anfußen der Ersatzstücke vorbereitet.

8 Spuren früheren Holzwurmbefalls.

VERPUTZTE UND BEKLEIDETE FACHWERKHÄUSER

Oft erkennt man erst, wenn der Mauerwerk vortäuschende Putz stellenweise abbröckelt, dass es sich bei einem Gebäude um eine Fachwerkkonstruktion handelt. Nicht selten wurde und wird dann die Fachwerkfassade komplett freigelegt und restauriert – an der dann nach wenigen Jahren gravierende Schäden auftreten.

Es ist eine irrige Annahme, dass Fachwerkhäuser bauzeitlich stets ihre Konstruktionsweise offen zeigten! Insbesondere in exponierten Lagen, ansonsten auch teilweise nur auf ihrer Wetterseite, hat man die Holz-Lehm-Bauweise häufig von Beginn an verputzt oder durch eine Bekleidung vor Wind und Wetter geschützt. Fachwerk wurde hier rein konstruktiv gesehen. Putz oder die Bekleidung dienten als Wetterschutz ohne architektonische Aussage. Erst zu Beginn der Neuzeit wurden Fachwerkbauten in Städten gelegentlich mit der Zielsetzung verputzt, sich den Anschein eines als vornehmer geltenden Mauerwerkbaus zu geben. Im Barock setzte man älteren Fachwerkhäusern oft eine gemauerte, zeitgenössische Fassade vor, und auch im Klassizismus ließ man Fachwerkhäuser mittels einer Stuckfassade gern ihre wahre Identität verleugnen.

Es widerspricht also keineswegs dem Denkmalschutzgedanken, wenn man ehedem verputzte oder bekleidete Häuser im Rahmen einer Revitalisierung wieder verputzt oder bekleidet. Und auch für Häuser, an deren Wetterseite massive Schäden vorgefunden werden, sollte man sich dem Gedanken einer Bekleidung der Fassade nicht verschließen – insbesondere, wenn es sich noch nicht einmal um die Hauptansichtsseite handelt.

SCHÄDEN AN FACHWERKKONSTRUKTIONEN

Sieht man von bauartunabhängigen Schäden ab, lassen sich die typischen Schadensbilder von Fachwerkbauten den beiden Elementen der Konstruktion zuordnen: Schäden am Gefüge und Schäden an den Gefachen. Der folgende kompakte Überblick über typische Schäden kann, wie auch die übrigen Kapitel dieser Einführung, nur im Wortsinne einführend sein – und stellenweise daher auch vereinfachend. Wer selbst ein Fachwerkgebäude zu renovieren oder zu restaurieren beabsichtigt, sollte sich unbedingt sehr ausführlich mit den Schadensbildern der Bauweise, ihren Ursachen und ihrer Instandsetzung befassen! Auch hierzu sei auf die weiterführende Literatur verwiesen.

Einer der Hauptgegner der Bauweise ist das Wasser. Bis zur ersten Hälfte des 13. Jahrhunderts hatte man die Ständer unmittelbar in den Baugrund gesteckt, weshalb sie an ihren Fußpunkten faulten und die Häuser selten länger als eine Generation hielten. Dann begann man, die Ständer auf Schwellen aufzusetzen. Diese ruhten auf immer höheren steinernen Sockeln. So konnte Niederschlagswasser keine großen Schäden mehr verursachen; faulte die Schwelle durch, so ließ sie sich auf relativ unkomplizierte Weise austauschen – wohl kaum ein Fachwerkhaus dürfte noch auf seinen bauzeitlichen Schwellen fußen.

Betrachtet man die Fotos aus den Restaurierungsphasen der dargestellten Projekte, findet sich häufig ein Bild von einem aufgebockten Teil des Hauses, dessen Schwelle und meistens auch unteren Bereiche der Ständer erneuert werden mussten. In früheren Zeiten entledigte man sich dieses Problems gern, indem man das Erdgeschoss komplett, teilweise oder Stück für Stück, durch ein massiv gemauertes ersetzte. Aus diesem Grund beginnt heute die Holzkonstruktion bei wesentlich mehr Fachwerkbauten erst mit dem ersten Obergeschoss, als es bauzeitlich der Fall war.

In den 1960er- und 1970er-Jahren glaubte man, mit modernen Methoden der Feuchteproblematik Herr werden zu können – und ruinierte so manches Fachwerkhaus unwiederbringlich: Gefüge und Ausfachungen wurden mit wasserdichten Farben gestrichen, die Fugen zwischen Gefüge und Gefach mit Silikon zugeschmiert.

Durch diese »wasserdichte Rundumbehandlung« wollte man dem Wasser den Zutritt ein für allemal verwehren. Dabei übersah man, dass in eine mangelfreie Fachwerkkonstruktion zwar Wasser eindringen kann, bei nicht übermäßiger Belastung aber ebenso wieder austrocknet. Während das Wasser vor allem durch die Gefüge-Gefach-Fuge eintritt, erfolgt die Austrocknung über die Fassadenfläche. Aufgrund der unvermeidlichen Dehnungen und Bewegungen eines Fachwerkhauses reißt auch eine Silikonfuge stets wieder auf. Ebenso werden in einem als wasserdicht bezeichneten Anstrich stets Fehlstellen auftreten, insbeson-

1

2

3

4

5

6

7

8

1

2

3

4

5

6

7

1 Beispiele verschiedener regionaler Fachwerke: ein oberdeutsches Fachwerkhaus mit breiten Ständerabständen und doppelten Rähmen.

2 Giebel eines niederdeutschen Bauernhauses

3 Ein rheinisches Fachwerkhaus – bauzeitlich in Geschossbauweise errichtet, später in Stockwerkbauweise nach vorne ergänzt.

4 Umgebindehaus in Thüringen

5 Die Umgebindestube: Von innen sind hier die Massivholzbohlen erkennbar.

6 Diele eines innerstädtischen niederdeutschen Hauses

7 Ein mitteldeutsches Fachwerkhaus, dessen Erdgeschoss im Laufe der Jahrhunderte massiv erneuert wurde.

dere auf dem permanent arbeitenden Holz des Gefüges. Dringt nun über aufgerissene Fugen und Anstriche Wasser in die Konstruktion ein, kann aber aufgrund der ja auch rückseitig dichten Anstriche nicht mehr über die Fläche verdunsten, gelangt auf Dauer mehr Wasser in Gefüge und Ausfachungen, als wieder entweichen kann. Das Ergebnis: Das Holz fault, der Lehm bröckelt!

Jahrhundertelang frei liegende Fachwerke benötigen auch im 21. Jahrhundert keine Wundermittel – aber regelmäßige Wartung und Pflege! Sind Gebäude oder Gebäudeseiten starker Wasserbelastung ausgesetzt, wird man hingegen kaum umhin kommen, alte Verputze oder Bekleidungen zu erhalten oder zu erneuern. Als Alternative können sich im Einzelfall andere Maßnahmen eignen, beispielsweise der Einbau gläserner Vordächer.

Gelangt Wasser nicht nur an oder in die Fassade, sondern ins Gebäude, wächst nicht selten mit erstaunlicher Geschwindigkeit ein das Holz zerstörender Schwamm. Dieser ernährt sich vom Bindemittel des Holzes und saugt jenes aus, bis sich massive Balken zerbröseln lassen wie Biskuit. Wird Schwamm festgestellt oder vermutet, ist Eile geboten und ein Fachmann hinzuzuziehen!

Harmloser ist häufig Schädlingsbefall des Holzes. In vielen Fachwerkhäusern finden sich jahrhundertealte Spuren vorübergehenden Befalls durch Insekten, die nach einer gewissen Zeit ihre Behausungen wieder verlassen haben, ohne relevante Schäden angerichtet zu haben. Andere Tierchen sind hartnäckiger, lassen sich jedoch durch Schädlingsbekämpfer eliminieren. Im Extremfall können aber auch Schädlinge elementare Holzzerstörungen verursachen und – je nach Stadium – Heißluftbehandlung des gesamten Hauses oder großflächigen Substanzaustausch erfordern.

Eine Reihe weiterer Einflüsse können einem Fachwerkgebäude zusetzen; zumeist hängen sie mit mangelndem Verständnis für die Konstruktionsweise oder mit Umwelteinflüssen zusammen. Viele dieser Umwelteinflüsse werden jedoch erst dadurch schadensträchtig, dass der Mensch die Natur zu nah an das Gebäude heranlässt. Wächst beispielsweise eine Fassadenbegrünung durch die konstruktionsbedingten Fachwerkfugen ins Innere, kann hierdurch Wasser nach innen gelangen und dort Schäden anrichten. Aufwendig zu beseitigende Haftfüße, die nach Entfernen der Begrünung häufig verbleiben, sind da noch das kleinere Übel.

Typisierung von Fachwerkhäusern

Seit Beginn der Fachwerkforschung im 19. Jahrhundert gab es Versuche, die konstruktiven Unterschiede durch typologische Einteilungen greifbar zu machen. Gemeinsam ist den Typisierungsversuchen: der heftige Widerspruch durch Vertreter einer anderen Einteilung. Tatsächlich können Versuche, Fachwerkhäuser in begrifflich definierte Schubladen zu stecken, Widerspruch hervorrufen. Es handelt sich nun mal nicht um normierte Fertighäuser, und so mischen sich in vielen Häusern Elemente mehrerer Typen – gleich, welche Einteilung man heranzieht. Daneben beziehen sich die Gliederungen häufig auf Regionen – doch finden sich beispielsweise »fränkische Fachwerkhäuser« auch weit außerhalb des einstigen wie des heutigen Frankens.

Kurz vorgestellt sei hier die auf Carl Schäfer zurückgehende dreiteilige Gliederung in niederdeutsches, mitteldeutsches und oberdeutsches Fachwerk. Während die beiden letztgenannten Formen sich konstruktiv immer weiter annäherten und ab der Mitte des 16. Jahrhunderts kaum noch typologische Unterschiede aufweisen, setzt sich das niederdeutsche Hallenhaus kontinuierlich markant ab. Diese Bauform zeichnet sich als Zweiständerhaus zunächst durch zwei parallele Ständerreihen aus. Über jedem Ständerpaar liegt ein leicht auskragender Rähm, auf dem das Dach ruht, das wiederum als Schleppdach über den Auflagerpunkt hinausragt, sodass die Traufe deutlich tiefer liegt. Die Außenwände haben bei dieser Bauweise nur raumbildende Funktion und dienen nicht der Lastabtragung.

Aus dem Zweiständerhaus entwickelt sich im 18. Jahrhundert das Vierständerhaus, dessen Außenwände auf Höhe des Rähms gebracht werden, während der Rähm bis zu den Außenwänden verlängert wird. Das Dach liegt nun auf den äußeren Ständern auf, die Traufe liegt auf Höhe des Sturzes des typisch-markanten Dielentors. Eine Abwandlung des Vierständerhauses ist das Dreiständerhaus, bei dem eines der beiden Seitenschiffe fehlt. Als Schiffe bezeichnet man die Bereiche zwischen jeweils zwei Ständerreihen.

1 Hier wurde eine alte Faserzementfassade durch aufgenagelte Bretter zum »Fachwerkhaus«.

2 Versuche moderner Interpretationen einer historischen Bauweise: Hier bei einem Wohnhaus.

3+4 Ein Massivhaus mit Fachwerkfassade aus den 1990- Jahren: Die Fassade trägt nur sich selbst.

5 Hier fehlt nur noch der Pfeife rauchende Großvater auf der Bank.

6 Doch die dörfliche Idylle trügt: Das »Fachwerk« besteht aus Brettern, die auf die Putzfassade geschraubt wurden.

Innerstädtisch entwickeln sich aufgrund des begrenzten Baugrunds und des damit einhergehenden Bedarfs an mehreren Etagen Sonderformen des niederdeutschen Hallenhauses. Niederdeutsches Fachwerk findet sich zwischen den Niederlanden und der Danziger Bucht in west-östlicher sowie zwischen Nordhessen und Dänemark in nord-südlicher Ausdehnung.

Spricht man beim niederdeutschen Fachwerkhaus von Schiffen, so unterteilt man den Grundriss des mitteldeutschen Fachwerkhauses in Joche, die von den beiden Giebelwänden und den parallel dazu stehenden Querwänden gebildet werden. Über die Querwände spannen die Deckenträger, bei weit gespannten Decken die Hauptdeckenträger, über die in Querrichtung wiederum Nebenträger verlaufen. Auf den in Längsrichtung verlaufenden traufseitigen Außenwänden ruhen die Fußpunkte des Dachs.

Die Grafik des mitteldeutschen Fachwerks ist in ihrer Frühzeit geprägt durch Streben, die beim Geschossbau teilweise über mehrere Geschosse, beim Stockwerksbau als Fußstreben über die gesamte Stockwerkshöhe reichen, mit Kopfstreben überkreuzt oder mit Gegenstreben kombiniert sind. In Brüstungsgefachen finden sich Andreaskreuze oder Rauten ebenso wie einzelne Bänder.

Mit dem Übergang vom Mittelalter zur Neuzeit entwickelt sich die sogenannte Mann-Form als typische Verstrebung: Dreiviertelgeschosshohe Fußstreben werden kombiniert mit kurzen Kopfbändern, später mit Kopfwinkelhölzern. Zur Zeit der Renaissance und des Barocks nehmen viele konstruktive Elemente des Fachwerkgefüges ornamentale Ausprägungen an bis hin zu kunstvoll bemalten Schnitzereien. Mehr und mehr werden auch ausschließlich schmückende Elemente ohne lastableitende Funktion in die Fachwerkkonstruktion integriert. Im Barock findet diese Entwicklung ihren Höhepunkt.

Mitteldeutsches Fachwerk ist der am meisten verbreitete Typ der Bauweise; die oben vorgestellte Dreigliederung fasst Varianten wie das rheinische, das hessische oder das thüringische Fachwerkhaus unter dem Begriff des mitteldeutschen zusammen. Mitteldeutsche Fachwerke gibt es zwischen dem Elsass und Sachsen sowie zwischen dem Rheinland und Nordhessen einerseits und einer Linie auf Höhe des Neckars andererseits. Später breitet sich die Variante nach Württemberg hinein aus und überschneidet sich dort mit dem ihr immer ähnlicher werdenden oberdeutschen Fachwerk südlich des Neckars bis zu den Alpen. Nach Osten reicht seine Verbreitung bis in den Bayerischen Wald hinein.

Markantes Erkennungsmerkmal waren zunächst die breiten Abstände der jeweils einzeln ausgesteiften Ständer. Die Aussteifung erfolgt ohne Überkreuzung durch Kopf- und Fußbänder, die Rähme sind zum Ausgleich der weiten Ständerabstände doppelt ausgeführt.

Fachwerk heute

Um 1980 wurde es chic, sich ein Fachwerkhaus zu bauen – oder das, was man für ein solches hielt. Dieser Nischentrend hält bis heute an. Mal werden schlichtweg auf eine weiße Putzfassade sich überkreuzende schwarze Linien gemalt oder dünne Holzbretter geschraubt, mal wird eine Holzkonstruktion erstellt – entweder als tragendes Holzgerüst oder als Vorsatzschale, ähnlich einer Ziegelverblendschale. Diese Vorsatzschale bevorzugt man seit Beginn der 1990er-Jahre, da eine herkömmliche Fachwerkkonstruktion heutige Anforderungen an die Wärmedämmung nur noch mithilfe zusätzlicher Dämmung erfüllen kann.

Man mag darüber diskutieren, ob es berechtigt ist, im 21. Jahrhundert ein Massivhaus oder ein Haus in zeitgemäßer Holzrahmenbauweise zu erstellen und es dann mit einer historisierenden Fachwerkfassade zu versehen. In jedem Fall wünschenswert wäre allerdings, dass auch für moderne Pseudofachwerkhäuser ein Mindestmaß an Konstruktionsregeln alter Häuser sowie regionale Bezüge berücksichtigt würden. Eine gut gemachte neue Fachwerkfassade im niederdeutschen Stil, die vor einen Neubau in einem gewachsenen Dorf im Alten Land gesetzt wird, passt zumindest in ihrer Großform ins städtebauliche Bild. Wird das »norddeutsche Bauernhaus« dagegen in das Neubaugebiet einer oberbayerischen Kleinstadt versetzt, ist es einfach nur fehl am Platz.

1

2

3

4

6

5

1

2

3

4

5

6

7

8

9

10

1 Hier wurde die Mühe von Bauherr und Architektin mit einem Denkmalpreis gewürdigt.

2 Was bleibt? Was kommt zum Schutt? Fragen jeder Sanierung.

3 »1697« verkündet stolz die Jahreszahl; »1960« schreien erbarmungswürdig die Fensterformate samt Rollläden.

4 An dieser dilettantisch rekonstruierten Fassade ist nichts original. Dennoch verlieh eine mitteldeutsche Stadt dafür den lokalen Fassadenpreis.

5 Auch hier blieb die Baugeschichte erlebbar: Zugunsten einer größeren Durchgangshöhe wurde dieser Sturz einst verstümmelt, im Zuge der Sanierung erhielt er seine ursprüngliche Ausformung wieder – das ergänzte Stück setzt sich farblich ab.

6 »1650« prangt in goldenen Ziffern im Türsturz – doch jedes Holz der Fassade ist neu.

7 Historisches Fachwerk trifft Brettschichtholzbalken und OSB-Platten.

8 Dieses Haus macht erfreulicherweise keinen Hehl aus seiner Geschichte.

9 Hier bleibt nur noch der Weg der Rekonstruktion – zu sanieren gibt es nichts mehr.

10 Alte Farbschichten wurden hier erlebbar gemacht.

Sanierung von Fachwerkhäusern

Sanierung bedeutet Gesundung und ist ein recht unbestimmter Begriff, unter den näher definierte Maßnahmen wie Renovierung, Restaurierung, Modernisierung oder Rekonstruktion fallen. Wenn hier von Sanierung oder Revitalisierung die Rede ist, so schlichtweg aus Gründen der Vereinfachung. Wer allerdings vor der Sanierung eines Fachwerkhauses steht, sollte sich zunächst bewusst machen, was eigentlich das Ziel der Maßnahme sein soll. »Einfach mal loslegen« ist die denkbar schlechteste Möglichkeit. Stattdessen sollte am Anfang eine Schadenskartierung stehen. Folgen muss eine Analyse der Schadensursachen. Nur dann lassen sich geeignete Maßnahmen ergreifen, um ein Wiederauftreten der Schäden zu verhindern – und dann lässt sich unnötiger Aktionismus vermeiden. Spätestens im auf dieser Basis erstellten Sanierungskonzept sollte man nicht nur die konstruktiv nötigen Maßnahmen, sondern auch den erstrebten Zustand des Hauses festlegen.

Ein liebevoll saniertes Fachwerkhaus findet stets viele Bewunderer und eint selbst Menschen, die sonst gänzlich unterschiedliche Architekturvorstellungen haben. Doch der Weg von der Ruine zum Vorzeigeobjekt ist meist beschwerlich und aufwendig.

Fachwerkbauten gelten oft als ideale Betätigungsfelder für Eigenleister. Auch in diesem Buch finden sich mehrere Beispiele, die in oft jahrelanger Arbeit von den Eigentümern selbst in ihren heutigen Zustand gebracht wurden. Allerdings muss davor gewarnt werden, die Sanierung eines Fachwerkhauses leichtfertig anzugehen! Eigenleistung ist möglich, und ohne sie sind Fachwerksanierungen oft unbezahlbar – doch genaueste Kenntnis der Materie, ausführliche Beschäftigung mit dem eigenen Haus, seinen Besonderheiten und seiner Geschichte sind ebenso unabdingbar wie ausgeprägte handwerkliche Fähigkeiten und Erfahrungen! Bei allen Fragen, die die eigene Kompetenz übersteigen, sollte man einen Fachmann zu Rate ziehen. Dessen eigentliche Profession ist nebensächlich. Es kann beispielsweise ein Architekt, ein Bauingenieur, ein Bauhistoriker oder ein Zimmermann sein – solange er über intensive Kenntnisse der historischen Fachwerkhäuser verfügt. Erster Ansprechpartner kann auch der zuständige Denkmalpfleger sein. Gerade in typischen Fachwerkregionen verfügen die städtischen Denkmalpfleger oft über weitreichende Kenntnisse – aber auch über Kontakte zu kompetenten Planern und Handwerkern. Die Eigentümer der in diesem Buch vorgestellten Häuser berichten von überwiegend guten Erfahrungen mit den amtlichen Denkmalschützern, nur selten über ideologische oder bürokratische Herangehensweisen.

Auch Informationen zu Fördermöglichkeiten bekommt man meist vom zuständigen Denkmalpfleger.

Substanzerhalt und Rekonstruktion

Regelmäßig stellt sich bei Fachwerksanierungen die Frage, inwieweit vorgefundene Substanz erhalten werden kann und inwieweit zur Eliminierung schadhafter Stellen ein Austausch notwendig wird. Bis vor einiger Zeit begann eine Fachwerksanierung häufig mit dem Entkernen des Hauses bis auf die reine Holzkonstruktion. Die wurde dann großzügig von schadhaften Balken befreit und mit neuen Hölzern ergänzt. Anschließend verwendete man zum Ausfachen Materialien wie Porenbeton, fügte unter Umständen gar eine Betondecke und Kunststofffenster ein – und freute sich am Ende über das »schöne, alte Fachwerkhaus«.

Von derartigen Methoden ist man glücklicherweise wieder abgekommen, doch fehlt es bei mancher Sanierung am notwendigen Feinsinn. Dies kann in beide Richtungen ausschlagen: Mal wird großzügig erhaltenswerte Substanz entfernt und anschließend rekonstruiert, nach dem Motto »Wenn schon, dann richtig!«, mal wird ein Puzzle erstellt, indem wenige erhaltbare Fragmente der Substanz in eine im Wesentlichen neue Konstruktion eingefügt werden – selbst wenn es sich vielleicht um zwar alte, aber banale Stücke ohne historischen Wert handelt.

Der partielle Austausch von Hölzern oder auch der komplette Ersatz einzelner Hölzer wird bei nahezu jeder Fachwerksanierung erforderlich sein, und kaum ein Fachwerkhaus wird heute noch über 100 Prozent seiner Originalsubstanz verfügen. Auch Rekonstruktionen ganzer

1 An diesem unter dem Dach eingefügten Sprengwerk wurde ein gebrochener Deckenbalken aufgehängt – und konnte somit erhalten werden.

2 Merkwürdiges Stückwerk: Die hellen, ausgetauschten Hölzer warten noch auf ihre Farbfassung, rechts daneben simuliert ein bemaltes Blech die Fortführung des Fachwerks.

3 Die Wände wurden in Trockenbauweise verkleidet, bemalte Gefache mittels Verglasung sichtbar gemacht.

4 Nur noch Fragmente von Fachwerk lässt diese ehemalige Brandwand erkennen.

5 Auf manchem Dachboden finden sich auch bei sanierten Häusern noch hochinteressante Zeugnisse der Vergangenheit – hier eine Keilstufentreppe.

6 Historische Details sind oft besonders charmant: Hier zum Beispiel ein altes Kastenschloss …

7 … mit passender Türangel …

8 … oder eine bauzeitliche Inschrift im Lehmgefach.

9 So viel Konsequenz erfordert Mut: Decke in originaler Schieflage – nach erfolgter Sanierung

10 Hier wurde eine fragmentarisch vorgefundene Wandbemalung …

11 … originalgetreu ergänzt.

Fassaden können ihre Berechtigung haben, etwa, wenn die Konstruktion des Hauses sich ansonsten noch in weitgehend erhaltbarem Zustand präsentiert oder wenn es städtebaulich begründet ist.
Völlig unverständlich ist es allerdings, wenn kaum schadhafte, historisch wertvolle Fachwerkfassaden aus Kostengründen abgetragen und in Gänze aus neuen Hölzern rekonstruiert werden – und die Beteiligten für diese Leistung öffentliche Fördergelder erhalten und mit Preisen bedacht werden! Solch eine Vorgehensweise findet man bis heute insbesondere bei größeren, innerstädtischen Häusern, die von Investoren aufgekauft werden. Im Vordergrund steht hier leider die möglichst rentable Vermietbarkeit in guter Altstadtlage, nicht der Denkmalschutzgedanke.
Beschränkt man sich beim Austausch von Hölzern auf das wirklich Notwendige, kann zudem häufig ein Großteil der vorhandenen Gefache erhalten bleiben. Diese werden zwar gern pauschal ausgetauscht, doch oft ist ihr Zustand nachhaltig gut und erhaltenswert.

ERLEBBARE BAUGESCHICHTE

Oft wird versucht, rekonstruierte oder ergänzte Bauteile farblich und in der Oberflächenstruktur dem Bestand anzugleichen sowie Nahtstellen zu egalisieren. Sicherlich ist es die richtige Lösung, das Fachwerkgefüge einheitlich zu streichen – doch was spricht dagegen, andere Oberflächenstrukturen von Ersatzstücken sowie Fügestellen kenntlich zu lassen und somit ein Stück Baugeschichte zu erkennen zu geben? Im Gebäudeinneren gibt es häufig unbehandelte Hölzer: Hier gilt das Gleiche für die unterschiedlichen Farben alten und neuen Holzes.
Manchmal findet man im Zuge von Sanierungen Substanz vor, die einerseits zwar erhaltenswert ist, andererseits aber nicht für die weitere Nutzung geeignet ist. In einem solchen Fall bietet sich die Möglichkeit an, das Vorgefundene zu bekleiden und auf diese Weise zu erhalten. Erlebbar gemacht werden können derartige Zeugnisse der Baugeschichte zum Beispiel mittels verglaster Rahmen, die in die Bekleidung eingefügt werden.
Auch beim notwendigen Ersatz von Bauteilen im Gebäudeinneren – häufig um eine zeitgemäße Nutzung überhaupt zu ermöglichen – lassen sich Alt und Neu kunstvoll verbinden: beispielsweise durch moderne Interpretationen historischer Baumuster. Somit wird einerseits deutlich, dass es sich bei dem Bauteil nicht um das historische Original handelt, andererseits wird der Bezug zum Vorbild gewahrt.

DETAILS ERHALTEN

Im Rahmen mancher Sanierung verschwinden alte Details, die jedoch oft besonderen Charme haben. Häufig ist der Grund hierfür schlichtweg Gedankenlosigkeit oder übertriebener Eifer. Dabei sollte man sich sogar im Rahmen der kompletten Sanierung eines Hauses immer wieder bewusst machen, dass es Details gibt, die keiner Sanierung oder höchstens einer sanften Überarbeitung bedürfen.
Schwieriger wird es, wenn Bruchstücke erhaltenswerter Details gefunden werden, etwa die Hälfte einer alten Wandmalerei. Hier gibt es drei Möglichkeiten: sichtbar belassen, erhalten, aber bekleiden, oder restauratorisch ergänzen. Welche dieser Möglichkeiten die optimale ist, lässt sich nur im Einzelfall und aus der Situation heraus entscheiden.

MUT ZUM UNPERFEKTEN

Fachwerkhäuser sind nicht nur architektonisch, baugeschichtlich und konstruktiv hochinteressant, auch in psychologischer Hinsicht eignen sie sich als Anschauungsobjekte: Wer würde schon einen Neubau mit schiefen Wänden, Böden, deren Niveau in einem Raum Abweichungen im zweistelligen Zentimeterbereich aufweisen kann, und Raumhöhen, die großen Zeitgenossen das Montieren einer Deckenlampe ohne Leiter ermöglichen, mit derart positiven Begriffen belegen, wie es bei Fachwerk der Fall ist?
Diese und andere Abweichungen vom rechten Winkel und heute üblichen Genauigkeitsstandards gehören schlichtweg zu den oft jahrhundertealten Gebäuden und machen einen nicht unerheblichen Teil ihres Charmes aus. Hinzu kommt: So manche Unebenheit ist ein überzeugendes Beispiel für die Leistungsfähigkeit der Konstruktionsweise! Wenn sich unmittelbar nach dem Bau oder im Laufe der Jahrhunderte der Baugrund unter einem Fachwerkhaus unregelmäßig setzte, machte die Konstruktion diese Bewegungen relativ

1

2

3

4

5

6

7

8

9

10

11

1 Die Restaurierung alter Fenster kann einem Puzzle gleichen.

2 Welche Auswirkungen die Fenster auf das Erscheinungsbild eines Hauses haben, ist hier besonders deutlich zu erkennen.

3 Ein »Fachwerkhaus« von 1978 – mit Fenstern wie leere Augenhöhlen.

4 Diese Außenwand wurde mit Holzfaserplatten gedämmt; vor Verputzen wurde eine Wandheizung montiert.

5 Diverse originale Fensterformate mit maßstäblich harmonierenden neuen Fenstern.

6 Originalgetreu rekonstruierte, einfach verglaste Kastenfenster – eine handwerkliche Meisterleistung! Von innen wurden die Fenster hier holzfarben naturbelassen ...

7 ... von außen weiß gestrichen.

schadlos mit, während ein gemauertes Haus erhebliche Risse davongetragen hätte.
All dies sollte man im Rahmen einer Sanierung nicht kaputtrenovieren. Zwar kann bei gravierenden Setzungen oder gar bei Verwindungen der Konstruktion aus statischen Gründen eine Korrektur der Schieflage erforderlich sein. Doch grundsätzlich sollte für Korrekturen gelten: Nur so viel wie nötig und so wenig wie möglich! Dabei geht es nicht nur um den Verlust emotionaler Aspekte, sondern auch ganz rational darum, dass Korrekturen am Gefüge Korrekturen am weiteren Ausbau – Gefache, Dacheindeckung und anderes – nach sich ziehen.
Wer sich auf ein Fachwerkhaus einlässt, sollte sich auch auf die Besonderheiten eines solchen Gebäudes einlassen.

MODERNE STANDARDS

Der letzte Satz bedeutet freilich nicht, dass man auch im Hinblick auf den Ausbau antiken Charme moderner Technik vorziehen müsste. Allerdings sollte man nach Möglichkeiten der harmonischen Integration suchen. Beispielsweise können anstelle von Heizkörpern Wandheizungen verwendet werden, die nicht nur optische Vorzüge bieten, sondern darüber hinaus aufgrund ihres hohen Anteils an Strahlungswärme für ein angenehmes Raumklima sorgen.
Damit dies nicht zu sehr ins Geld geht, versieht man heute auch Fachwerkhäuser gern mit einer Wärmedämmung, die bei Fachwerksichtfassaden selbstverständlich nur als Innendämmung ausgeführt werden kann. Hierbei gilt es, bauphysikalische Schwachstellen – ein typisches Problem von Innendämmungen – von vornherein durch überlegte Planung und Ausführung auszuschließen.

ENERGIEEINSPARUNG UND NACHHALTIGKEIT

Ein gravierender Fehler wäre es, Fachwerkhäuser in die heute übliche, schematische Betrachtungsweise zum Thema Energieeinsparung einzuordnen oder gar den Anspruch zu haben, ein jahrhundertealter Bau müsse nun den Anforderungen der Energieeinsparverordnung an einen Neubau genügen. Ein intelligent saniertes Fachwerkhaus wird rechnerisch immer mehr Heizenergie benötigen als ein Neubau. Dennoch wird es in der Gesamtbetrachtung stets deutlich nachhaltiger dastehen: Zum Bau des Hauses wurde nur ein Bruchteil der Unmengen an Energie benötigt, die für einen heutigen Neubau verbraucht werden. Die in diesem Buch gezeigten Häuser haben eine durchschnittliche Standzeit hinter sich, die kaum ein Gebäude aus unserer Zeit erreichen wird. Und während bei modernen Baumaterialien erneut ein hoher Energieaufwand für ihre Entsorgung eingesetzt werden muss, lassen sich die Materialien eines Fachwerkhauses, abgesehen von manch neuerer Zutat, komplett wieder der Natur zuführen oder recyceln.

Fenster im Fachwerkhaus

Fenster sind nicht einfach nur Löcher in der Fassade – Fenster prägen in ganz entscheidendem Maße das Erscheinungsbild eines Gebäudes. Dennoch wird das Hauptaugenmerk häufig auf Pflegeleichtigkeit und Erstinvestitionskosten gelegt, mit der Folge, dass die Entscheidung zugunsten einflügliger, nicht partitionierter Fenster mit Kunststoffrahmen fällt. Für ein Fachwerkhaus bedeutet eine solche Entscheidung den ästhetischen Totschlag.
Erfreulicherweise hat sich diese Einsicht inzwischen bei Fachwerksanierungen überwiegend durchgesetzt – anders als bei vielen anderen Altbauten. Die Sanierer der im Folgenden präsentierten Projekte gingen unterschiedliche, der jeweiligen Situation entsprechende Wege: Mal wurden die vorgefunden Fenster aufwendig restauriert, gegebenenfalls die alten Rahmen mit Isolierglas versehen, mal neue Kasten- oder Verbundfenster nach altem Vorbild angefertigt. Die Lösung schlechthin gibt es auch hier nicht: Entscheidend sind angepasste Maßstäblichkeit und Materialität. Und dabei führt bei Fachwerkhäusern in der Regel kein Weg an Fenstern vorbei, die in mehrere Flügel unterteilt und/oder durch Sprossen gegliedert sind – in der durch die Grafik der Konstruktion segmentierten Fassade wirkt alles andere meist wie leere Augenhöhlen.
In Hinblick auf die Materialität sind Holzrahmen ihrer Konkurrenz aus Kunststoff eindeutig vorzuziehen. In der äußerst heterogenen Oberflächenstruktur einer Fachwerkfassade wirken die glattflächig-homogenen, scharfkantigen Kunststoffrahmen wie Fremdkörper.

1

2

3

4

5

6

7

Ein besonderer Ort

FÄHRHAUS ROTHENHUSEN

Sanierungsplanung: Mißfeldt Kraß Architekten

HISTORISCHES

Rothenhusen ist eine idyllische kleine Insel an der Mündung des Flusses Wakenitz in den Ratzeburger See. Diese Lage bedingte allerdings auch, dass Rothenhusen seit über 750 Jahren ein geschichtsträchtiger Ort ist. Er liegt heute an der Grenze zwischen Schleswig-Holstein und Mecklenburg.

Im Jahr 1247 erwarb ein Lübecker einen Teil des Sees und die sogenannte Were, eine befestigte und bewaffnete Zollstelle an der Einfahrt zur Wakenitz. Der Kern des hier vorgestellten Fachwerkhauses wurde 1583 für das Personal der Zollstelle errichtet, gegründet auf Pfählen und Feldsteinen. In späteren Jahren erfolgten Erweiterungen, zunächst giebelseitig in Richtung See, dann zu beiden Traufseiten. Die neue wasserseitige Giebelwand wurde zum besseren Witterungsschutz nicht mehr als Fachwerk ausgeführt, sondern aus Ziegelstein gemauert. Wie an fast allen vorbarocken Häusern hat man auch hier im Laufe der Zeit die meisten Fenster vergrößert.

Nachdem die Franzosen 1806 die befestigte Anlage zerstört hatten, wurde das erhaltene Fachwerkhaus dem Pächter der Wakenitzfähre zur Nutzung als Gaststätte übergeben. Seither entwickelte sich Rothenhusen zu einem beliebten Ausflugsort.

Nach 1945 war die kleine Insel ein Ort, an dem die Teilung Deutschlands besonders spürbar war: Die Wakenitz markierte die Grenze zwischen BRD und DDR, auf dem der Idylle gegenüberliegenden Ufer verlief der sogenannte Todesstreifen. Dennoch gelang manch einem die Flucht durch den schmalen Fluss.

Bis heute ist die politische Lage Rothenhusens ungewöhnlich: die Insel ist eine Exklave der Stadt Lübeck im Landkreis Herzogtum Lauenburg.

ARCHITEKTUR

An den Grundrissen lässt sich bis heute das ursprüngliche kleine Haus ablesen; auch sind die erste Erweiterung Richtung See und die beiden traufseitigen Anbauten zu erkennen. Im Unterschied zu anderen Fachwerkhausvergrößerungen gibt der imposante Giebel hier nicht auf den ersten Blick preis, dass er gleichsam nicht aus einem Guss ist.

Über nur einem Vollgeschoss erheben sich zwei ausgebaute Dachgeschosse. Auf der unteren Ebene liegt heute der Ausschank, um ihn herum, in den historischen Erweiterungen, sind Tische angeordnet. Die Küche verlegte man im Zuge der Sanierung in einen komplett neu errichteten Anbau, der sich, lang, schmal und mit einer mit Reet bekleideten Fassade versehen, entlang dem See vom Altbau wegentwickelt. Er nimmt auch einen großen Gastraum auf, vollflächig verglast zum See und zur Uferterrasse hin.

Der Anbau setzt sich einerseits deutlich als Entwurf unserer Zeit vom Fachwerkhaus ab, sprengt jedoch nicht dessen Maßstäblichkeit. Auch mit seiner Fassade aus dem natürlichen Material Reet fügt er sich gut in das Gesamtensemble ein, zu dem noch ein wiedererrichtetes ehemaliges Stallgebäude gehört, das heute die Toiletten für Gäste und Bootstouristen aufnimmt.

Unter dem Dach des Altbaus liegen die Wohnung des Betreibers der Gaststätte und Büroräume.

RECHTS: Der imposante Fachwerkgiebel des Fährhauses, im Hintergrund die Wakenitz.

Fährhaus Rothenhusen

LINKS: Zwischen Anbau und See wurde eine große Terrasse für die Gäste der Gaststätte angelegt.

RECHTS BEIDE: Modern und kontrastreich, aber dennoch eindeutig dem Altbau untergeordnet, wurde die neue, zum See orientierte Gaststube mit Küche angefügt. Ihre Fassaden geben sich mit Reet bekleidet, ihr Dach fungiert als Dachterrasse.

SANIERUNG

Nachdem der letzte Pächter die Gaststätte 40 Jahre lang betrieben und in den oberen beiden Geschossen des Hauses gewohnt hatte, war nun eine umfassende Instandsetzung des Hauses erforderlich.

Im Unterschied zu vielen anderen Projekten in diesem Buch wurden hier keine Arbeiten in Eigenleistung ausgeführt. In großem Umfang mussten Belange des Brandschutzes, moderner Gebäudetechnik und des Wärmeschutzes berücksichtigt und mit denkmalpflegerischen Aspekten abgestimmt werden – eine besondere Herausforderung für die Planer von Mißfeldt Kraß Architekten aus dem nahen Lübeck.

Zunächst hat man ein genaues Schadenskataster erstellt, anschließend sämtliche Ausmauerungen der Gefache aus Ziegeln im Klosterformat, also unterschiedlicher Größe, katalogisiert und entnommen, um die Holzkonstruktion instand setzen zu können.

Um auch statisch nicht mehr tragfähige historische Hölzer zu erhalten, wurde hinter dem Fachwerkgiebel der Nordfassade eine parallele Holzrahmenbauwand auf neuer Gründung errichtet. Diese Wand übernimmt zukünftig Tragwerk und Dämmebene, das Fachwerk ist nur noch Fassade. Dessen Holz wurde mit Kiefernholzteer gestrichen; die Gefache hat man mit Muschelkalk ausgemauert und verfugt. Die Schwellen wurden komplett erneuert und die nicht mehr vorhandene Feldsteingründung in Abstimmung mit der Denkmalpflege wiederhergestellt.

Ähnlich verfuhr man mit den historischen Innenwänden mit sichtbarem Fachwerk: Nach Freilegung der Gefache wurden schadhafte Hölzer ausgetauscht, die Ersatzbalken mit traditionellen Zimmermannsverbindungen angearbeitet und schließlich die Gefache wieder mit erhaltenen alten Ziegelsteinen ausgemauert. Da jedoch viele historische Steine defekt waren und neue Ziegel zugemischt werden mussten, hat man die Gefachoberflächen mit Muschelkalk geschlämmt.

Auch hier wurde zum Erhalt nicht mehr tragfähiger Hölzer Wandteilen ihre statische Funktion genommen und auf nicht sichtbare Stahlträger übertragen. Außenwände, die kein Fachwerk mehr aufwiesen, wurden mit einer Innendämmung gemäß Wärmeschutzgutachten und Denkmalpflege ertüchtigt. Neue Innenwände wurden in Holzrahmenbauweise erstellt.

Auch zu den Holzbalkendecken wurde ein Schadenskataster angelegt, mit dem Ziel, möglichst viel der Originalsubstanz zu erhalten. Zugunsten von etwas mehr lichter Raumhöhe blieben die Balkenzwischenräume frei. Aufgrund der öffentlichen Nutzung mussten die Balken selbst allerdings aus Brandschutzgründen bekleidet werden.

Besonders interessant, vor allem auch vor dem Hintergrund der Nutzung als Gaststätte, ist der Umgang mit den vorgefundenen historischen Fenstern aus verschiedenen Zeiten. Sie wurden restauriert und innenseitig zum Kastenfenster erweitert. Dabei wurden die neuen, inneren Fenster stilistisch nicht, wie bei mehreren Projekten in diesem Buch, den nach außen öffnenden alten Fenstern angepasst, sondern modern gehalten. Filigrane Eichenhölzer in Kombination mit einem tragenden, schlanken Stahlrahmen setzen sich so als Zutaten unserer Zeit ab, harmonieren aber hervorragend mit dem Bestand.

Fährhaus Rothenhusen

RECHTS: Die kleine Gaststube im Altbau.

RECHTS UNTEN: Das Obergeschoss des Hauses nimmt die modern gestaltete Pächterwohnung ein.

LINKS: Der zum See orientierte, später entstandene Giebel wurde in Sichtmauerwerk ausgeführt.

LINKS UNTEN LINKS: Die historischen Fenster wurden innenseitig durch eine stabile Stahl-Holz-Konstruktion ergänzt und somit zum energetisch optimierten Kastenfenster aufgewertet.

LINKS UNTEN RECHTS: Die Treppe wurde gestalterisch dem Fachwerk angepasst.

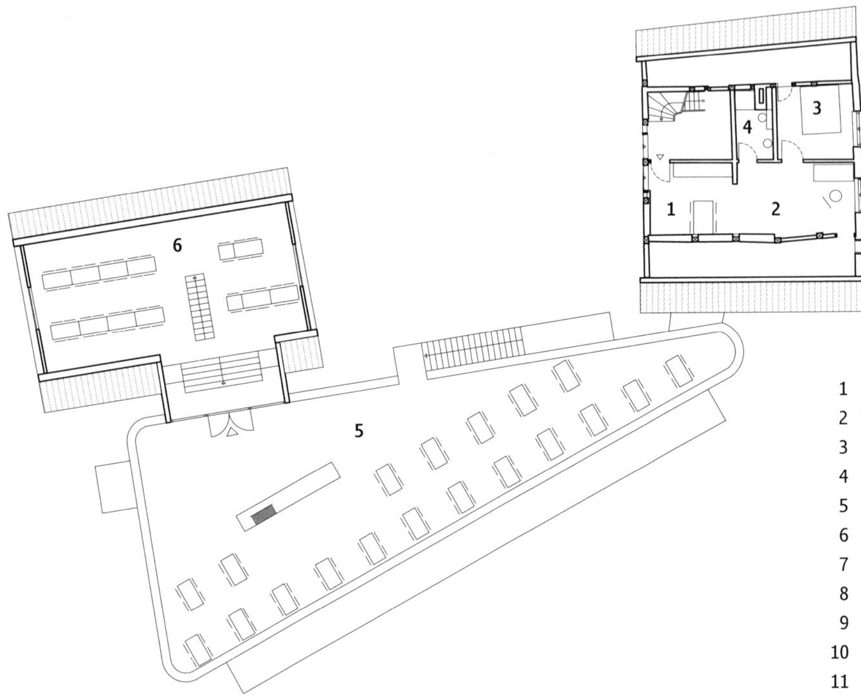

Obergeschoss

1 Küche
2 Wohnen
3 Schlafen
4 Bad
5 Dachterrasse
6 Saal
7 Gastraum
8 Theke
9 Küche Restaurant
10 Terrasse
11 Toiletten
12 Wakenitz
13 Ratzeburger See

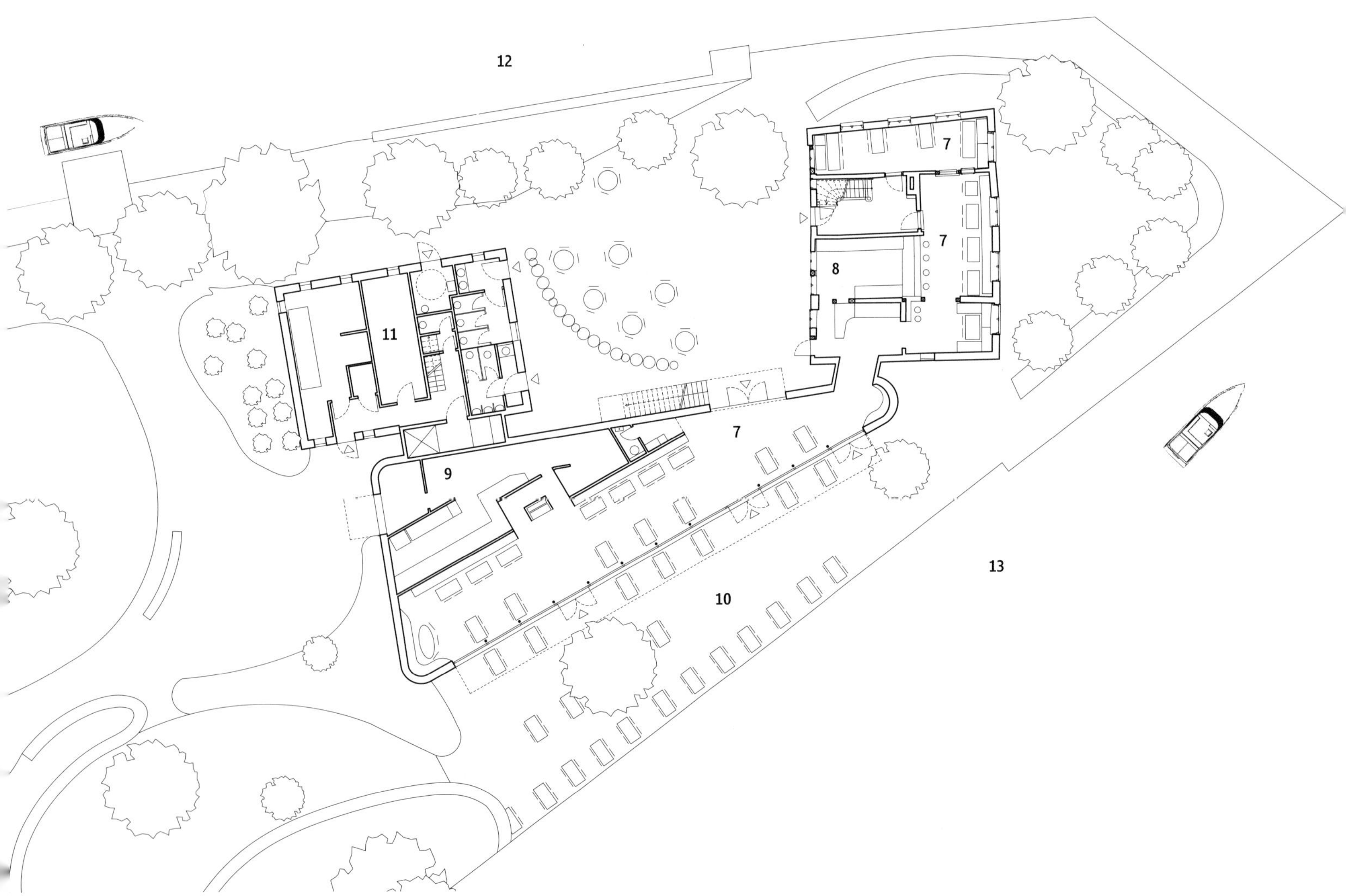

Erdgeschoss

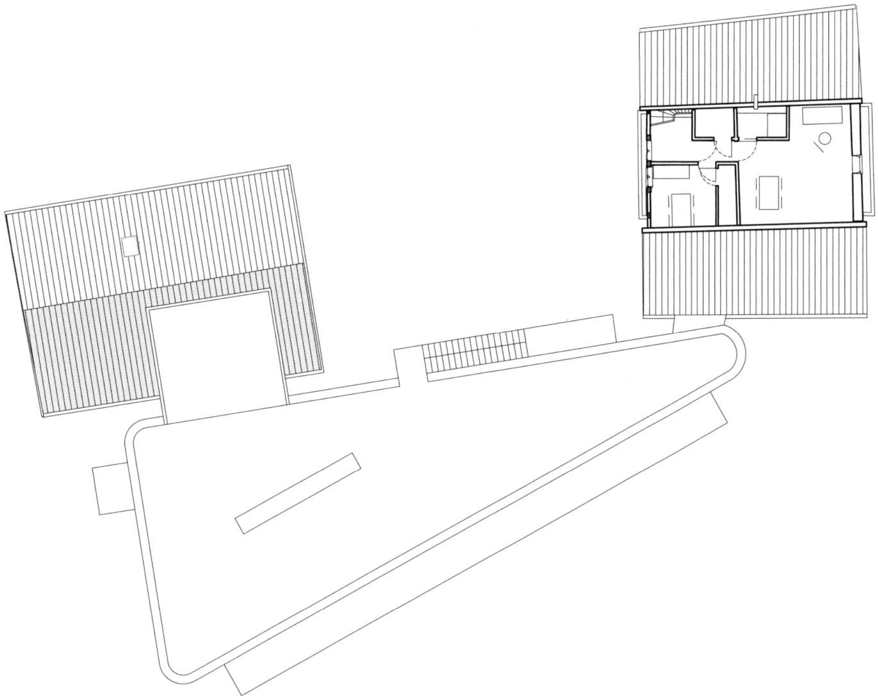

Dachgeschoss

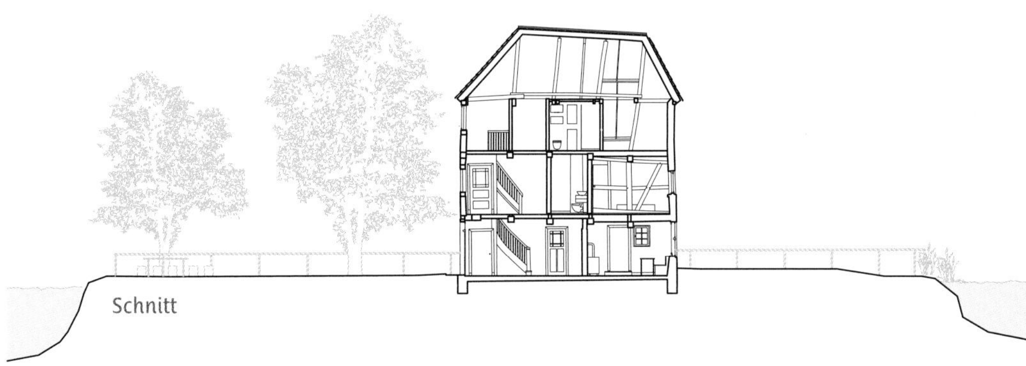

Schnitt

Schnitt

Sanierung und Geschichte

ZEITTAFEL

1247 Urkundliche Erwähnung des Ortes

1583 Bau des Hauses, zunächst in kleinerer Form, später erweitert

1806 bis heute Nutzung als Ausflugslokal

1945–1989 Unmittelbare Lage an der innerdeutschen Grenze

2015–2017 Umfassende, denkmalgerechte Sanierung

WICHTIGSTE SANIERUNGSMASSNAHMEN

- Erstellung von Schadenskatastern
- Sortiertes Entnehmen der Gefachausmauerungen, später Stein für Stein identisch wieder eingesetzt
- Ersatz maroder Hölzer, Übertragung der statischen Funktionen an heute verdeckte Hilfskonstruktionen
- Aufdoppelung der Fenster zu Kastenfenstern durch innen vorgesetzte, moderne Stahl-Holz-Rahmen

OBEN: Die Gaststube im Fachwerkhaus vor der Sanierung.

RECHTS: Der Giebel kurz vor Sanierungsbeginn.

ALLE: Eindrücke aus der Zeit der Revitalisierung des Hauses.

Geschichtsschreibung statt Abriss

FRACKDACHHAUS BEI BAYREUTH

Sanierungsplanung: Ingrid Eggers

HISTORISCHES

1791 nennt die Inschrift im Sturz der Eingangstür als Baujahr des kleinen Frackdachhauses in Bayreuth. Tatsächlich allerdings erhielt das Haus in jenem Jahr seine heutige, markante Form; seine Ursprünge reichen deutlich weiter zurück.

Bereits um 1680 war hier ein gemauertes, eingeschossiges Häuschen mit Satteldach entstanden. Ein gutes Jahrhundert später diente es als Basis für eine großzügige Erweiterung, umfangreicher als der Ursprungsbau: Das schmale Erdgeschoss wurde verlängert und darauf ein weiteres vollwertiges Stockwerk mit Spitzboden errichtet.

Dieser spätbarocke Aufbau macht heute die Besonderheit des Hauses aus. Seine Fachwerkkonstruktion mit springender Traufe orientiert sich eher am Egerländer Stil als am Fachwerk der direkten Umgebung. Dass die Traufe nur einseitig angehoben wurde, hatte vermutlich auch Kostengründe; der wiederverwendete alte Dachstuhl musste allerdings umgearbeitet werden. Letztlich entstand ein stimmiges Frackdachhaus, dessen aus heutiger Sicht ungewöhnliche, jedoch harmonische Proportionen von besonderem Charme sind.

Das Gebäude, das zuletzt von einem älteren Herrn bewohnt worden war, stand seit Beginn der 1980er-Jahre lange Zeit leer. Konstruktion und Ausstattung nahmen Schaden durch eindringenden Regen, auch ein Abriss war im Gespräch.

Gerade noch rechtzeitig erwarb Ingrid Eggers das zwischenzeitlich unter Denkmalschutz gestellte historische Wohnhaus, sanierte es sorgfältig und brachte gute Ideen ein, die seine Baugeschichte würdig fortschreiben.

ARCHITEKTUR

Die springende Traufe, aber auch die langgestreckte, schmale Kubatur geben dem Haus ein aus heutiger Sicht ungewöhnliches Erscheinungsbild. Bei einer Tiefe von knapp 16 Metern beträgt die Breite des Hauses gerade einmal 6,60 Meter, im Obergeschoss sogar 2 Meter weniger.

Die Erschließung des Fachwerkhauses erfolgt etwa in der Mitte der Längsseite. Von einem kleinen Eingangsbereich mit Treppe geht es gegenüber der Eingangstür in die kleine Küche, rechter Hand in einen heute als Esszimmer genutzten Wohnraum. Im Winkel zwischen Küche und Wohnraum findet sich noch eine kleine Stube, früher durch Türen klar abgetrennt, heute als offener Durchgangsraum.

Auf der dem Esszimmer gegenüberliegenden Seite des Eingangsbereichs lag früher ein ins Haus integrierter Stall, der im 19. Jahrhundert mit einer Kappendecke überwölbt wurde. Dieser Raum wurde im Zuge der Sanierung zum Wohnzimmer mit bodentiefen Terrassentüren anstelle der vormaligen Stalltüren. Ein kleines Duschbad, abgetrennt von der Küche, ist ebenfalls vom Wohnzimmer aus zugänglich.

Das Obergeschoss bot ursprünglich eine Aneinanderreihung von vier Räumen, die im Wesentlichen heute noch so besteht. Auf die zentrale Diele folgt zur einen Seite hin ein größerer Wohnraum oberhalb des Esszimmers, zur anderen Seite hin liegen zwei etwas kleinere Schlafzimmer, das vordere davon als Durchgangsraum. Im Zuge der Sanierung wurde von der Diele nach hinten hinaus ein Bad abgetrennt. Hinter dem Wohnraum wurde die Abseite als kleine Bibliothek zugänglich gemacht. Neue Gauben machten die beiden neu geschaffenen Räume nutzbar.

RECHTS OBEN: Der markante, schmale Giebel mit Frackdach.

RECHTS: Auf das ältere, massive Erdgeschoss wurde eine Fachwerkkonstruktion gesetzt.

GANZ LINKS: Der ansprechende, historische Ofen stammt nicht ursprünglich aus dem Haus.

LINKS: In der um eine Gaube ergänzten Abseite wurde eine kleine Bibliothek eingerichtet.

RECHTS: Die Wohnstube oberhalb des heutigen Esszimmers, darüber eine bauzeitliche Bohlen-Balken-Decke. Links im Bild der Durchgang zur Abseite.

RECHTS UNTEN: Luftig gibt sich das Haus im heutigen Esszimmer, wo ein Deckendurchbruch zum Obergeschoss angelegt wurde.

SANIERUNG

Wer das Haus heute betritt, findet viele historische Elemente: Dielenböden, Türen, Fenster, aber auch Ausstattungsstücke wie Öfen. Nicht alles davon hat seinen Ursprung im historischen Gebäude, manches wurde von der Eigentümerin mühevoll zusammengetragen. Die lange Zeit des Leerstands, verbunden mit Wassereintritt, hatte einiges an Originalsubstanz vernichtet. Erfreulicherweise überlebten jedoch auch etliche Elemente, etwa die Bretterwand samt Tür um den Wohnraum im Obergeschoss oder die diesen nach oben abschließende Bohlen-Balken-Decke. Auch die Treppe ist historisch, nicht jedoch das Brüstungsgeländer um das Treppenauge.

Besonders erfreulich ist die große Zahl erhaltener Fenster samt vorsetzbarer Winterfenster aus unterschiedlichen Epochen. Zwei davon stammen sogar noch aus der Zeit der Gebäudeerweiterung. Sie wurden überarbeitet und teilweise mit neu gefertigten Beschlägen versehen.

Mit viel Eigenleistung und Leidenschaft erweckte die Eigentümerin die einstige Ruine zu neuem Leben. Im Unterschied zu den meisten Beispielen in diesem Buch, hielten sich die Schäden am Fachwerk in engen Grenzen – aufgrund der langen Verwahrlosung besonders bemerkenswert. Allerdings waren im Laufe der Zeit die Längswände auseinandergedriftet, große Spalten in den Querwänden des Obergeschosses waren die Folge. Für dieses Schadensbild war möglicherweise das nachträglich eingezogene Kappengewölbe des Stalls zumindest mitverantwortlich. Mithilfe von Stahlgewindestangen wurde das Gebäude wieder zusammengezogen.

Nicht mehr zu retten war der gesamte Dachstuhl. Er wurde neu aufgebaut und mit klassischen Doppelmuldenfalzziegeln, die in der Region häufig anzutreffen sind, neu gedeckt. Einem weiteren Schadensbild ist es zu verdanken, dass die Innenräume heute besonders großzügig wirken: Die Decke über dem Esszimmer, ursprünglich als Bohlen-Balken-Decke ausgeführt, war wohl im Zuge eines Umbaus entlang der Eingangsfassade durch eine Mann-an-Mann-Decke ersetzt worden. Dieser Teil der Decke, bestehend aus ohne Zwischenräume aneinandergereihten Bohlen, wies nun erneut Schäden auf, sodass ein Großteil der Bohlen entnommen werden musste. Inspiriert vom luftigen Raumeindruck nach Entnahme des schadhaften Deckenabschnitts beließ die Eigentümerin den Durchbruch, im oberen Raum von einer Glasbrüstung umrahmt.

Die Eigentümerin wollte ihre sanierte Fachwerk-Preziose weder selbst beziehen noch weiterverkaufen, auch eine dauerhafte Vermietung erschien ihr nicht angemessen für das sensible historische Gebäude. So entschied sie sich für eine temporäre Vermietung als Ferienhaus, ein auch wirtschaftlich tragfähiges Nutzungskonzept, das zudem regelmäßige Zustandskontrollen und Wartungsarbeiten ermöglicht. Bis zu sechs Personen können hier nun vorübergehend in eine modernisierte historische Wohnwelt eintauchen.

RECHTS: Vom Flur im Obergeschoss wurde ein Bad abgetrennt, vergrößert durch eine Schleppgaube.

RECHTS UNTEN: Schlafzimmer im Obergeschoss mit stilistisch passenden Möbeln.

LINKE SEITE LINKS OBEN: Der Flur im Obergeschoss mit historischer Bretterwand, neuer Balkendecke und den Treppen in Erd- und Dachgeschoss. Im Hintergrund der Deckendurchbruch.

LINKE SEITE LINKS UNTEN: Blick durch die Haustür bis in die Küche.

LINKE SEITE RECHTS OBEN UND MITTE: Im Obergeschoss haben sich einige bauzeitliche Fenster von 1791 erhalten.

LINKE SEITE RECHTS UNTEN: Fenster im Erdgeschoss mit vorgesetztem Winterfenster.

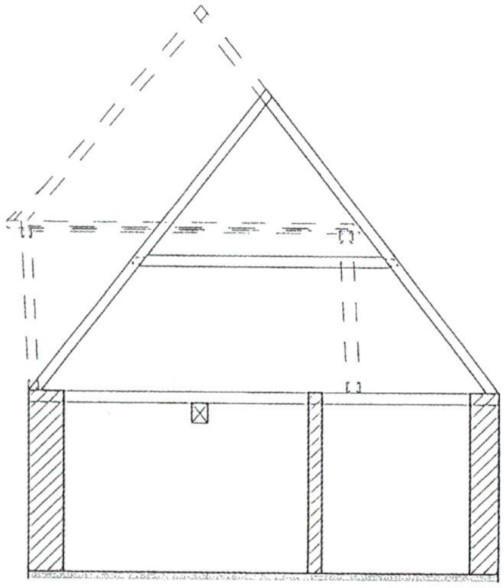

Schnitt Ursprungsbau

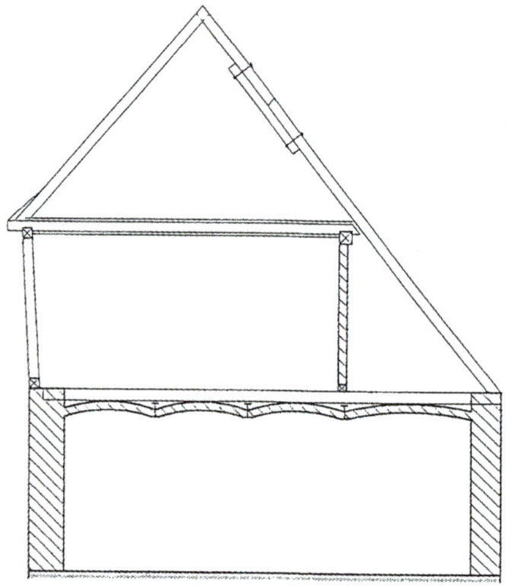

Schnitt nach Erweiterung

RECHTS: Die Stalltür wurde zum bodentiefen Fenster, Läden und Oberlicht blieben erhalten.

LINKS UNTEN: Das Wohnzimmer im ehemaligen Stall.

1 Zimmer
2 Diele
3 Abseite
4 Stall (heute Wohnzimmer)
5 Küche

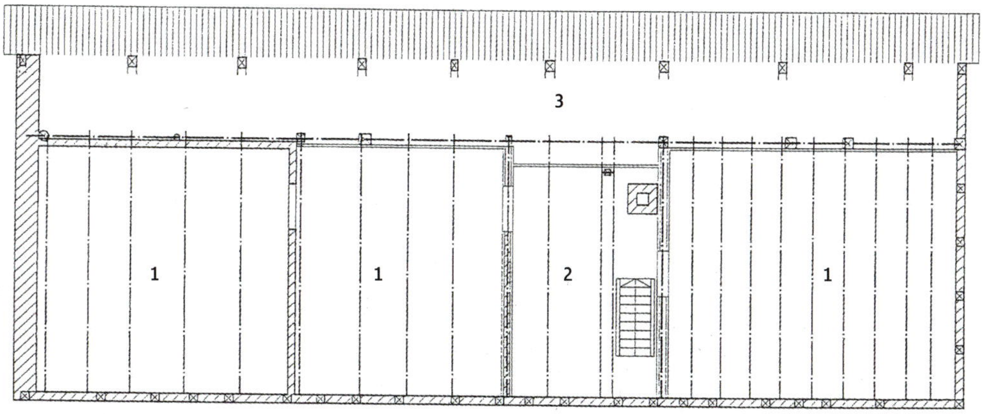

Obergeschoss vor Sanierung

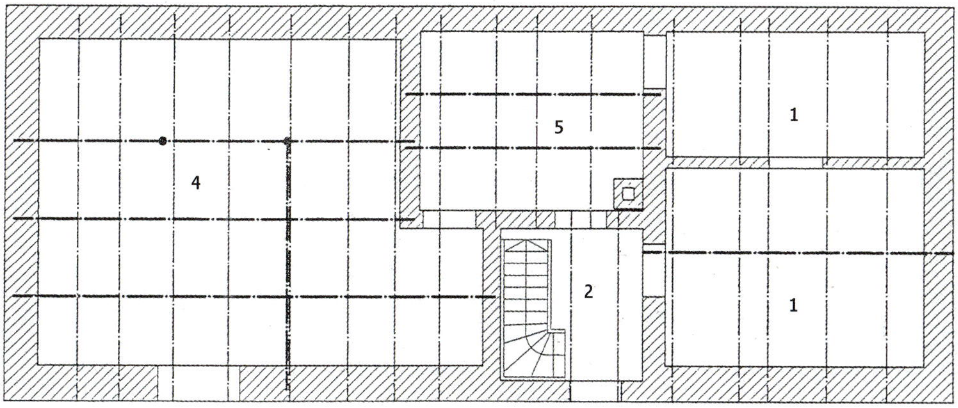

Erdgeschoss vor Sanierung

Sanierung und Geschichte

ZEITTAFEL

1680 Bau des gemauerten Erdgeschosses mit Satteldach

1791 Aufstockung zum Frackdachhaus durch einseitiges Anheben der Traufe; Wände über Erdgeschoss in Egerländer Fachwerk

1. Hälfte 20. Jh. Bau der heute umgebauten Scheune hinter dem Haus

Ab Anfang der 1980er-Jahre Leerstand mit zunehmenden Schäden

WICHTIGSTE SANIERUNGSMASSNAHMEN

- Reparatur des Fachwerks unter Beibehaltung sämtlicher Hölzer und Gefache
- Stellenweise Ausbesserungen des Gefachverputzes mit zementfreiem Mörtel
- Ersatz des Dachstuhls
- Statische Ertüchtigung mittels Stahlhilfskonstruktionen
- Instandsetzen der historischen Fenster
- Innenausbau mit historischen Materialien

LINKS: Vor der Sanierung war das Haus ein Abrisskandidat.

ALLE: Eindrücke aus der Sanierungsphase

Sieben Jahrhunderte, ein Maßstab

FACHWERKHAUS MIT MODERNER ERWEITERUNG IN QUEDLINBURG

Sanierungsplanung: qbatur Planungsgenossenschaft

HISTORISCHES

Quedlinburg ist eine Stadt geschichtlicher Superlative: Bereits im Jahr 994 erhielt der Ort das Stadtrecht, er gehört damit zu den ältesten Städten in Deutschland. Trotz Kriegen und Verfall in der DDR- und Nachwende-Zeit verfügt Quedlinburg noch über den enormen Bestand von rund 2000 Fachwerkhäusern. Die ältesten von ihnen gehen zurück auf das 13. Jahrhundert und zählen damit zu den ältesten erhaltenen Gebäuden dieser Bauart in Deutschland. Ergänzt wird dieser kulturhistorische Schatz um weitere Bauten, insbesondere Kirchen. Aus gutem Grund hat man die Altstadt bereits 1994 zum UNESCO-Weltkulturerbe erklärt – als eines der größten Flächendenkmale des Landes.
Das hier vorgestellte Haus geht in seinem Kern auf das Jahr 1330 zurück, wie die dendrochronologische Untersuchung ergab. In der Barockzeit, als der Altbaubestand ähnlich behandelt wurde wie in der Nachkriegszeit im 20. Jahrhundert, hat man insbesondere die Straßenfassade gravierend verändert: Die Fenster wurden vergrößert, die Fassadenvorsprünge des Stockwerkbaus eingekürzt. An der rückseitigen Fassade blieben hingegen zwei bauzeitliche Gefache bis heute erhalten.
Um 1890 wollte man das Fachwerkhaus wie einen zeitgemäßen, massiven Neubau wirken lassen, man verputzte es und versah es mit aufgesetzten Stuckelementen. Gut ein Jahrhundert später war es einsturzgefährdet. Nur dank baulicher Sicherungsmaßnahmen im Jahr 2006 konnte es gerettet werden, wurde einige Zeit später von privaten Eigentümern erworben und schließlich denkmalgerecht saniert.
Bereits in den 1960er-Jahren wurde das Nachbarhaus auf einem Eckgrundstück abgerissen und dieser Bauplatz dann für eine Erweiterung genutzt. Diese zeigt beeindruckend, wie hervorragend sich auch heutige Architektur in eine historische Stadt integrieren lässt – sogar mit Flachdach!

ARCHITEKTUR

Das in Ziegelbauweise erstellte Erdgeschoss des Altbaus ist dank größerer Innenhöhe und einiger Stufen Höhenunterschied zur Straße beinahe so hoch wie die beiden oberen Stockwerke in Fachwerkbauweise gemeinsam. Seine Gesamthöhe lässt den Dreiständerbau mit zwei Fensterachsen somit noch schmaler wirken, als er ohnehin ist, und verleiht ihm ein markantes Erscheinungsbild.
Auf der unteren Ebene befand sich einst ein Ladenlokal; dessen nach 1890 an der Fassade angebrachter Namensschriftzug konnte im Zuge der Sanierung bewahrt werden. Im Inneren wurde die kleinteilige Raumstruktur des Hauses weitgehend beibehalten. Die größten Veränderungen erfuhr das Erdgeschoss, das zum Garten hin über eine Glasfassade geöffnet wurde. Hinter ihr findet sich der Essplatz, offen übergehend in die Küche hinter der Straßenfassade. Die oberen Stockwerke nehmen Schlaf- und Badzimmer auf.
Der Geborgenheit der privaten Rückzugsräume im Altbau steht ein luftiger, heller Wohnraum gegenüber, der die beiden Obergeschosse des Erweiterungsbaus einnimmt. Ein Luftraum verbindet beide Ebenen galerieartig, und die zweigeschossige Glasfassade öffnet den Raum zur vorgelagerten Terrasse auf dem Dach der rückseitig integrierten Doppelgarage.

RECHTS: Historische Substanz hervorragend kombiniert mit modernen Ergänzungen: die Küche im Erdgeschoss öffnet sich zum Garten, der zweigeschossige Wohnraum im Anbau zur Dachterrasse über der Garage.

UNTEN: Zur Straße fügt sich der moderne Anbau durch abgestimmte Proportionen bestens ein, in der Mitte der Altbau.

GANZ UNTEN: Die Gartenansicht bei Tag.

Obwohl der Anbau eindeutig als Architektur unserer Zeit zu erkennen ist, fügt er sich perfekt in das historische Stadtbild ein: Die Fassade ist mit kleinteiligen historischen Ziegeln bekleidet, die sich auch an anderen Häusern der Umgebung finden. Unterteilt werden diese Ziegel von flachen Sandsteinbändern, die die Gliederung der Balkenlagen des Altbaus übernehmen. Die Türen und die Rahmen der großen, nicht unterteilten Fenster sind auch im Anbau aus geölter Eiche gefertigt.
So nimmt der Erweiterungsbau Maßstab und Materialität des Fachwerkhauses auf – Faktoren, die von höchster Bedeutung sind, wenn es um das harmonische Einfügen in den Bestand geht. Auf eben dieser Fortschreibung von Maßstab und Materialität beruht auch ganz wesentlich, dass der nicht fachkundige Betrachter Altstädte wie Quedlinburg als recht homogene Ensembles wahrnimmt – obwohl die einzelnen Bauten im Lauf vieler Jahrhunderte entstanden sind. Es spricht also nichts dagegen, auch Architekturen des 21. Jahrhunderts hinzuzufügen, solange dies mit einem gewissen Maß an Demut geschieht.

SANIERUNG

Wie bei vielen Fachwerkhäusern aus der Vor-Barock-Zeit entschied man sich auch hier für die Rekonstruktion des barocken Erscheinungsbildes. Für die Fassadenrestaurierung zeichnete dabei die Restauratorin Renate Zedler aus Naumburg verantwortlich. Barocke Fenster mit aufgesetzten Beschlägen geben dem Haus heute wieder ein authentisches Erscheinungsbild. Das sanierte Fachwerk wurde mit kleinformatigen Hochlochziegeln neu ausgemauert und mit Kalk verputzt. Ein Anstrich mit pigmentiertem Leinöl schützt die Hölzer und setzt sie gestalterisch dezent von den Gefachen ab.
Auf der Innenseite sorgt ein Leichtlehmputz für diffusionsoffenen Wärmeschutz. Die Innenwände blieben fachwerksichtig, teilweise wurden Gefache und Riegel entfernt beziehungsweise nicht rekonstruiert, was die Räume großzügiger erscheinen lässt. Der Ausbau erfolgte vorzugsweise mit historischen Materialien.

UNTEN: Die Giebelwand des Altbaus wurde zur Innenwand des zweigeschossigen Wohnraums.

GANZ UNTEN: Das Haus und sein Anbau im historischen Straßenzug.

LINKS OBEN: Vom Eingangsbereich geht es geradeaus in den Altbau, nach links in den Anbau.

GANZ LINKS: Durch Herausnehmen einer Wand entstand ein großzügiger Eingangsbereich.

LINKS MITTE: Alt und Neu in harmonischer Symbiose.

LINKS: Schlafzimmer im Obergeschoss mit authentischem Ambiente

OBEN: Die straßenseitige Küche und der zum Garten geöffnete Essplatz gehen im Erdgeschoss offen ineinander über, der Eingangsbereich schließt über eine bodentiefe Verglasung an.

LINKS: Der zweigeschossige Wohnraum bringt besondere Großzügigkeit in die Innenraumabfolge.

Schnitt

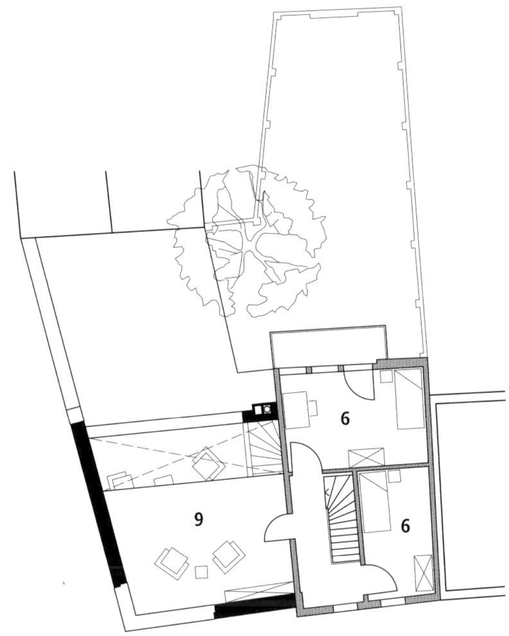

Dachgeschoss

1 Eingang
2 Bad
3 Wohnküche
4 Garage
5 Garten
6 Zimmer
7 Wohnzimmer
8 Terrasse
9 Galerie

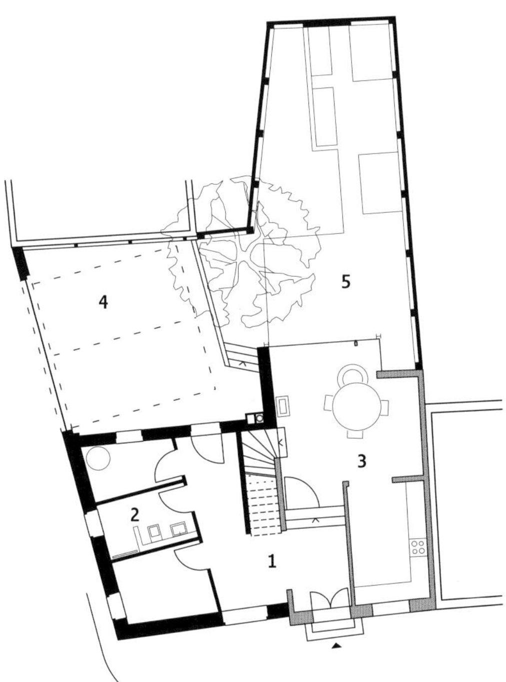

Erdgeschoss

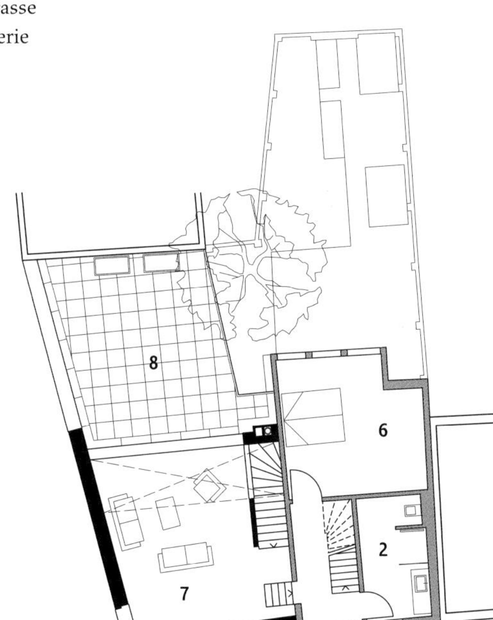

Obergeschoss

Sanierung und Geschichte

ZEITTAFEL

1330 Bau des ursprünglichen Hauses

Barockzeit Tiefgreifende Umbauten, Neufassung der Straßenfassade

1890 Historisierender Verputz der Straßenfassade mit aufgesetzten Stuckelementen

1960er-Jahre Abriss des verfallenen benachbarten Eckgebäudes

Ende 20. Jh. Leerstand und Verfall

2006 Rettung des Bestands durch bauliche Sicherungsmaßnahmen

2010 Erwerb durch die heutigen Eigentümer, in den Folgejahren denkmalgerechte Sanierung und Anbau auf Eckgrundstück

2016 Architekturpreis des Landes Sachsen-Anhalt

WICHTIGSTE SANIERUNGSMASSNAHMEN

- Zimmermannsmäßige Reparatur der Holzkonstruktion mit Austausch geschädigter Holzabschnitte
- Ausmauerung reparierter Gefachfelder mit kleinformatigen Hochlochziegeln, außenseitig Kalkputz mit Silikatanstrich, Anstrich des Fachwerks mit pigmentiertem Leinöl
- Innendämmung mit Leichtlehmputz
- Rekonstruktion barocker, nach außen öffnender Fenster als Kastenfenster
- Erneuerung der Dacheindeckung mit historischen, regionaltypischen Ziegeln (Linkskremper)
- Moderner Flachdachanbau auf Eckgrundstück; Fassade aus alten Ziegeln, Aufnahme des Maßstabs des Altbaus

UNTEN BEIDE: Im Zuge der Sanierung gab es erheblichen Erneuerungsbedarf.

ALLE: Vor seiner Wiederbelebung war das Haus eine Ruine.

Meisterwerk eines Autodidakten

EHEMALIGES BRAUHAUS IN LONNERSTADT

Sanierungsplanung: Annette Sauerhammer; Volker Brehm

HISTORISCHES

Über die frühe Geschichte des Hauses ist nicht viel bekannt. Erbaut wurde es wohl in den letzten zwei Jahrzehnten des 17. Jahrhunderts als Brauhaus mit Wohnung und vermutlich mit Gastwirtschaft. Etwa zwei Jahrhunderte später gelangte es in die Hände der Urgroßmutter des heutigen Eigentümers Volker Brehm und fungierte bis 1983 als Metzgerei mit Gastwirtschaft und Saal. Drei Räume dienten dem Wohnen, wobei es weder eine private Küche noch eine Toilette im Haus gab. Ein rückseitiger Vorbau mit Plumpsklo wurde irgendwann durch ein Häuschen im Hof, ebenfalls ein Plumpsklo, ersetzt.

Noch in den 1970er-Jahren ließen Brehms Eltern das Haus zeittypisch renovieren, wobei einiges an historischer Substanz verloren ging. So wurden neue, nicht unterteilte Fenster eingebaut, hölzerne Friese durch gemörtelte Imitate ersetzt und das Fachwerk in Braun, die Gefache gelb gestrichen.

Ab 1983 stand das Gebäude leer. Glücklicherweise war die Familie sich jedoch einig darin, das historische Erbstück zu erhalten. So wurde insbesondere das Dach instand gehalten, um Feuchteschäden zu vermeiden.

ARCHITEKTUR

Insgesamt vier Geschosse hoch ragt der imposante Giebel des ehemaligen Brauhauses zum Lonnerstädter Marktplatz auf. Hochwertig genutzt wurden stets nur die zwei Vollgeschosse, der Dachraum diente als Lager. Die zum Hof weisende Traufseite lässt noch heute die ehemalige Zweiteilung des Hauses erkennen: Hinter der Eingangstür linker Hand findet sich eine große, heute unterteilte Diele mit Zugang zur Gaststube, zur Küche und zu einem Wohnraum. Die hölzerne Treppe, die um 1800 eine Vorgängerin ersetzte, führte ursprünglich zu den drei Wohnräumen im Obergeschoss. Vom Flur aus ging es dort auch in den oberen Teil des früheren Sudhauses, der später zum Saal der Gaststätte wurde. Nach außen verfügte dieser rechte Gebäudeteil einst über wesentlich kleinere Fenster als heute. Im Erdgeschoss befand sich hier der untere Teil des Sudhauses, später die Metzgerei; inzwischen ist hier eine Backstube untergebracht.

Das typisch fränkische Fachwerk gibt sich schlicht, einziges Ornament ist der umlaufende hölzerne Fries, der die Balkenköpfe der Geschossdecke abdeckt. Markant sind die doppelten Fußstreben, kombiniert mit einfachen, deutlich kürzeren Kopfstreben. Die heutige Farbgebung entspricht wieder dem Originalzustand, sie wurde nach restauratorischem Befund rekonstruiert.

SANIERUNG

1996 machte sich Volker Brehm mit seinem Bruder an die Sanierung seines großelterlichen Hauses. Mit viel Engagement erwarb der Autodidakt in den folgenden Jahren enormes Wissen über die Materie. Die Planung erfolgte durch die auf Denkmalsanierungen spezialisierte Bauingenieurin Annette Sauerhammer; bei der Ausführung unterstützten Fachhandwerker den Bauherrn. Doch viele Arbeiten erledigte er in Eigenleistung, vor allem die besonders zeitintensiven. Nur so konnten die Kosten in akzeptablem Rahmen gehalten werden.

RECHTS: Mit rot gestrichenen Balken gibt sich das Haus typisch fränkisch, markant ist jedoch der weitgehende Verzicht auf Kopfstreben.

Brehms Ziel war es, die historische Bausubstanz wieder freizulegen und so weit wie möglich zu erhalten. So wurden nur geschädigte Balkenabschnitte des Fachwerks ausgetauscht, Putzoberflächen wurden partiell ausgebessert; notwendige Installationen hat man vor die Bausubstanz gelegt. Historische Türen, die auf dem Dachboden gefunden wurden, konnten aufgearbeitet werden, stilistisch passende Zargen hat man neu angefertigt.
Vor das bauzeitlich mit Feldsteinen ausgemauerte Fachwerk wurde im Erdgeschoss innenseitig eine Holzständerkonstruktion gesetzt und mit Holzleichtlehm gefüllt – eine zeitintensive Prozedur, musste doch jede Lehmschicht ein Jahr lang durchtrocknen! Der Bauherr wollte jedoch soweit möglich in der klassischen Materialität bleiben.
Im Obergeschoss fanden sich historische Fußbodendielen: In der Wohnstube liegt noch der bauzeitliche Boden, im früheren Saal liegen gut 100 Jahre alte Dielen. Beide Böden hätten für eine vor die Wände gesetzte Holzkonstruktion angeschnitten werden müssen. Um dies zu vermeiden, wurde hier eine Innendämmung mit Schilfrohrdämmplatten in einem Lehmbett angebracht, auch diese verputzt mit Lehm und gestrichen mit Kalkmilchfarben. Dabei hat man klassische Farbgebungen in schlichterer Form nach Befund aufgenommen.
Aufwendig freigelegt wurden die Bohlen-Balken-Decken und mit Kaseinfarben weiß gestrichen. Die Fenster aus den 1970er-Jahren hat man gegen viergeteilte Holzfenster nach regionalhistorischem Vorbild getauscht.
Über seine Arbeiten führte Volker Brehm genauestens Buch. So wurden neben 35 Tonnen Holzleichtlehm beispielsweise 50 Kilogramm Quark zur Herstellung der Kaseinfarben verbraucht.

LINKS: Die großen Fenster in der rechten Gebäudehälfte wurden erst später eingebaut, ursprünglich war hier das Sudhaus der Brauerei.

RECHTS OBEN: Die Wetterseite wurde nach historischem Vorbild mit einer Bretterfassade bekleidet.

RECHTS UNTEN LINKS: Getauschte Balkenstücke sind hier an ihrer glatteren Oberfläche gut zu erkennen.

RECHTS UNTEN RECHTS: Die historische Haustür wurde nach innen aufgedoppelt und wärmegedämmt.

ALLE: Ein Raum mit vielseitiger Geschichte: ursprünglich Obergeschoss des Sudhauses, später Saal der Gaststätte, heute Wohnraum des Bauherrn. Die Küche findet sich hinter einer nach Befund teilweise wiedererrichteten Trennwand.

LINKS: Einer der Höhepunkte des Hauses ist die originale Wohnstube mit bauzeitlichem Dielenboden und Bohlen-Balken-Decke.

RECHTS: Ein Stück der originalen Wandmalerei wurde bildhaft gerahmt und erhalten.

1 Diele
2 Ehemalige Gaststube
3 Küche
4 Vorrat/Kellerabgang
5 Zimmer
6 Bad
7 Gang
8 Dachstube
9 Wohnstube
10 Wohraum/ehemaliger Saal

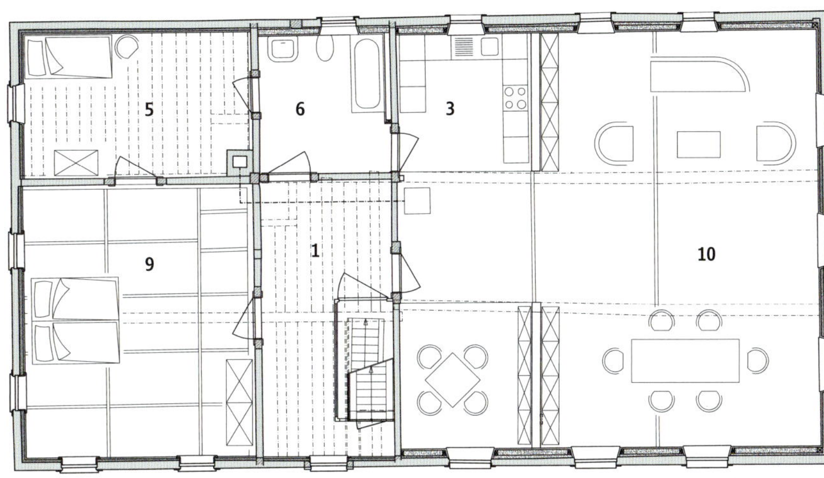

Obergeschoss

GANZ LINKS: Die Treppe im Eingangsbereich hinter der Haustür ist rund hundert Jahre jünger als das Haus.

LINKS MITTE: Durchblick von der alten Wohnstube bis in den früheren Saal der Gaststätte.

LINKS: Sorgsam wurden die Fenster nach regionaltypischem Vorbild angefertigt.

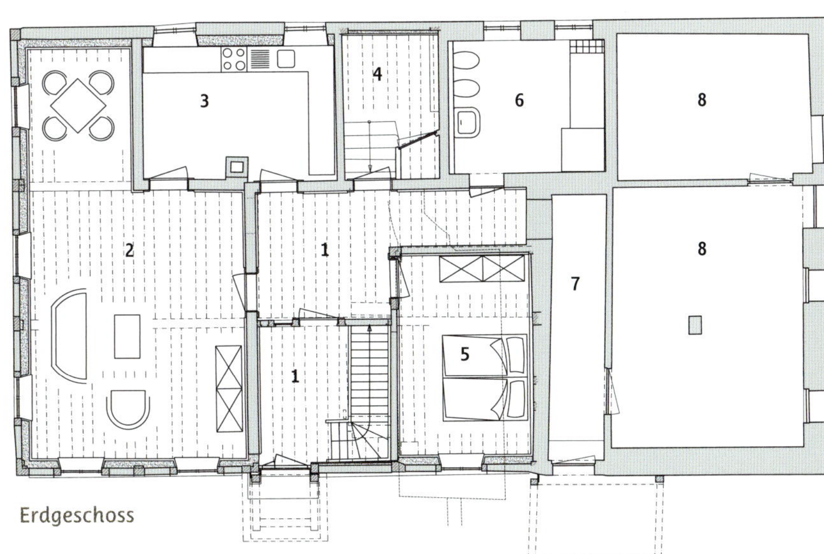

Erdgeschoss

Sanierung und Geschichte

ZEITTAFEL

1680/1700 Errichtung als Brauerei, wohl mit Wohnung und Gaststätte

um 1800 Einbau einer neuen Holztreppe

um 1900–1983 Metzgerei mit Gaststätte, Veranstaltungssaal und Wohnung

1970er-Jahre Zeittypische Modernisierung

1996–2014 Denkmalgerechte Sanierung

WICHTIGSTE SANIERUNGSMASSNAHMEN

- Fachwerksanierung mit partiellem Austausch geschädigter Balkenabschnitte
- Rekonstruktion historischer Fenster
- Sensible Überarbeitung originaler bauzeitlicher Substanz (z.B. Fußböden, Treppe, Bohlen-Balken-Decken)
- Einbau zeitgemäßer Installationen mit Leitungsführung vor den historischen Wänden

BEIDE: Historische Aufnahmen des Hauses.

LINKS UND UNTEN: Sanierung des Fachwerks im Erdgeschoss.

LINKS UND UNTEN: Innendämmung mit Schilfmatten und Lehm.

Umwidmung statt Abriss

EHEMALIGER SCHAFSTALL IN WESTFALEN

Sanierungsplanung: Spooren Architekten

HISTORISCHES

In früheren Zeiten prägten Scheunen und Ställe ländliche Gegenden oft mehr als die zugehörigen Wohngebäude. Seit der zweiten Hälfte des 20. Jahrhunderts allerdings verschwinden sie mehr und mehr, meist werden sie nach dem Verlust ihrer Funktion als nicht bewahrenswert betrachtet. Zumindest einige von ihnen zu erhalten, ist eine bislang noch zu wenig beachtete denkmalpflegerische Aufgabe unserer Zeit.

Wie hochwertig in ästhetischer und konstruktiver Hinsicht solche landwirtschaftlichen Nutzbauten sein können, zeigt der ehemalige Schafstall eines aufgelassenen Gutshofs in Westfalen. 1751 als dreischiffiger Vierständerbau errichtet, verfügte er über zwei Deelendurchfahrten mit großen Rundtoren; im dritten Schiff war auf einer Zwischenebene eine Schlafmöglichkeit für den Schäfer untergebracht.

Nach etwa 150 Jahren erfolgte eine teilweise Umnutzung zum Kuhstall. In diesem Zuge wurde im Inneren eine Fachwerkwand versetzt, um einen sogenannten Mistgang einzurichten.

Ab den 1970er-Jahren stand das Gebäude leer und verfiel allmählich. 2013 wurde es jedoch unter Denkmalschutz gestellt und in der Folge zum Wohnhaus umgebaut.

ARCHITEKTUR

Der Satteldachbaukörper auf nahezu quadratischer Grundfläche bezieht seinen gestalterischen Reiz aus der Kombination von betonter Schlichtheit mit sichtbarer, ruhiger Tragkonstruktion; hinzu kommt die kleinteilige Ausmauerung der Gefache. Bauzeitlich waren diese noch mit Lehmstakung gefüllt, später wurde sie in den Außenwänden durch Backstein ersetzt.

Obwohl sich die Nutzung und der Ausbau des Gebäudes durch die Sanierung stark geändert haben, blieb insbesondere nach außen hin der ursprüngliche Charakter lebendig. Neben dem restaurierten Fachwerk samt seinen zu Glasfassaden umgenutzten Tordurchfahrten sind dafür wiederhergestellte Elemente, etwa der hohe, gemauerte Sockel und die Giebelbekleidungen mit vertikal angeordneten Holzbrettern verantwortlich.

Im Inneren sind zwei der drei Schiffe in ihrer ursprünglichen Offenheit erhalten. Im mittleren Schiff wurde ein repräsentativer Wohnraum untergebracht, im schmalsten findet sich nun ein zum heutigen Garten orientierter Essplatz; hier wurde lediglich eine kleine Küche abgetrennt.

Die größte räumliche Veränderung erfuhr der nördliche Teil des Gebäudes. Er wurde unterteilt in eine Diele mit imposanter Treppe, ein Büro und ein Gästezimmer. In den neu angebauten Eingangsbereich hat man ein Bad integriert, umschlossen ebenso von einem Stück Fachwerkaußenwand des einstigen Stallgebäudes wie von einer modernen Glasfassade.

Der Dachraum, früher nur ein großer Heuboden mit lose vorgezimmerten Brettergiebeln, nimmt heute die Schlafzimmer auf. Sie gruppieren sich mit Bad und Zweitküche um einen bis unters Dach reichenden Zentralraum. Skulptural durchziehen diesen Raum Treppe und Steg zum Dachboden. Eine zum Garten hin eingefügte Gaube lässt Licht ins Haus.

RECHTS: Das heutige Erscheinungsbild interpretiert den historischen Schafstall neu.

SANIERUNG

Die Umnutzung eines historischen Stallgebäudes in Fachwerkbauweise ist selbstverständlich nicht vergleichbar mit der Sanierung eines schon immer zu Wohnzwecken genutzten Fachwerkhauses. Während bei den übrigen Projekten, die in diesem Buch vorgestellt werden, der Erhalt historischer Substanz eine wichtige Rolle spielte, gab es vieles dieser Substanz hier gar nicht. Weder gab es Fußböden noch Fenster, es gab keinen Deckenaufbau und keine Giebelaußenwand, die diesen Namen verdient hätte.
Möchte man ein ehemals landwirtschaftliches Gebäude erhalten, indem man es einer heute gefragten, höherwertigen Nutzung zuführt, kommt man also nicht umhin, größere Veränderungen und moderne Ergänzungen vorzunehmen. Es gilt dann insbesondere, den Charakter des Gebäudes so weit wie möglich zu erhalten und die Einfügungen so vorzunehmen, dass der erhaltene und rekonstruierte Bestand ablesbar bleibt. Oft bieten sich dafür betont moderne ergänzende Elemente, die zum Bestand in deutlichem Kontrast stehen, eher an als historisierende neue Bauteile.
In unserem Beispiel wurde die Fachwerkkonstruktion komplett frei gestellt. Die Gefache aus brüchigem Backstein konnten auch zur späteren Neuausfachung nicht wiederverwendet werden. Nach dem Austausch maroder Hölzer kamen stattdessen Ziegel des kurz zuvor abgebrannten Gutshauses zu neuer Verwendung. Nur gut 100 Jahre alt, eigneten sie sich dennoch besser als neue Steine.
Der markante Feldsteinsockel, ursprünglich 60 Zentimeter hoch, um die Fachwerkwände vor den dagegendrückenden Schafen zu schützen, musste im Gebäudeinneren entfernt und nach Unterbau der Bodenplatte thermisch getrennt neu aufgebaut werden. Der äußere Sockel wurde mithilfe einer inneren Kalksandsteinwand zur zweischaligen, mittig gedämmten Wand. Um das ursprüngliche Erscheinungsbild wieder zu erhalten, musste zudem das im Verlauf von 250 Jahren um etwa 25 Zentimeter höher gewordene Gelände in weitem Umkreis abgetragen werden.
Hinter den ehemaligen Tordurchfahrten entstanden Glasfassaden mit filigranen Holzprofilen. Man hat sie gegenüber den alten Fassadenöffnungen leicht zurückversetzt, auf der Gebäuderückseite im Mittelschiff sogar so weit, dass eine geschützte Loggia entstand.
Der ehedem leere Dachraum ist komplett neu auf- und ausgebaut, historisch sind hier nur noch die alten Dachsparren, konserviert in den heute gedämmten Dachflächen. Innenwände wurden in Holzrahmenbauweise erstellt, der Ausbau ähnlich einem Neubau vorgenommen. Die Giebelbekleidung greift jedoch das originale Erscheinungsbild auf, so blieb nach außen auch hier der Charakter bewahrt.

LINKS: Das Haus ist Teil einer ehemaligen Gutsanlage, links eine alte Scheune, rechts ein neu eingefügter Fahrzeugunterstand.

RECHTS: Rückwärtig wurde die Glasfassade der Tordurchfahrt ein Stück weit zurück versetzt, sodass eine kleine Loggia mit vorgelagerter Terrasse entstand.

RECHTS MITTE: Die Rückseite des Hauses.

RECHTS UNTEN: Zum Garten hin wurde die früher komplett geschlossene Draufseite ein Stück weit geöffnet.

GANZ LINKS: Originale, konservierte Lehmgefache.

LINKS: Zur Abtrennung der Küche entstanden zwei der wenigen neuen Wände im Erdgeschoss.

LINKS UNTEN: Der Eingangsbereich mit Blick durch den Wohnraum und schwungvoller Treppe ins Obergeschoss.

RECHTS: Blick in die Küche über den Essplatz hinweg, rechts die zum Garten geöffneten Gefache.

RECHTS UNTEN: Betont großzügig gibt sich der Wohnbereich im Erdgeschoss.

LINKS: Das Obergeschoss wird über eine zentrale, hohe Diele erschlossen, eine Treppe führt von hier bis unters Dach.

RECHTS: Zur Belichtung des Bades im Obergeschoss wurde eine Gaube eingefügt.

RECHTS MITTE: Zwischen Schlafzimmer und Bad entstand ein großzügiger Ankleideraum.

RECHTS UNTEN: Das Gästebad im angefügten Eingangsbereich: die ehemalige Fachwerk-Außenwand sorgt hier für ein besonders stilvolles Ambiente.

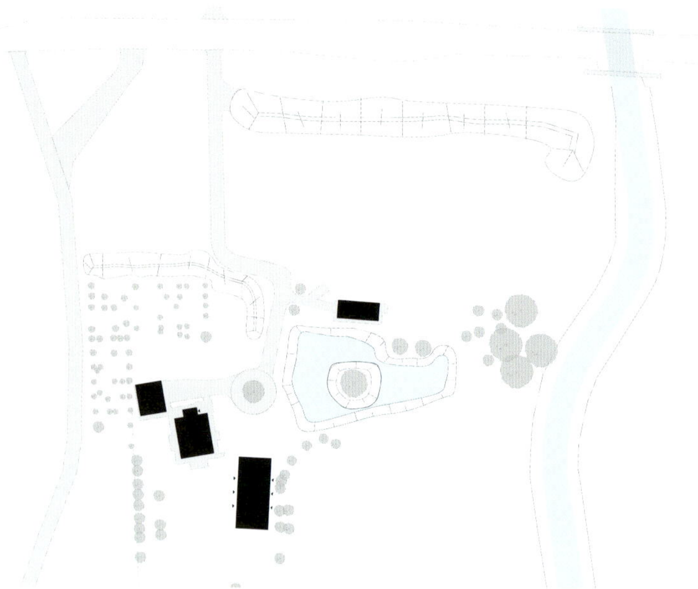

Lageplan

UNTEN LINKS: Der hohe gemauerte Sockel entstand einst zum Schutz vor den anprallenden Schafen.

UNTEN: Hinter den alten Torbogen wurde eine moderne Glasfassade gesetzt.

GANZ UNTEN: Ausschnitt der Giebelseite: Auf einer Zwischenebene war hier die Schlafstätte des Schäfers untergebracht.

1 Eingang
2 Bad
3 Zimmer
4 Wohnen
5 Essen
6 Küche
7 Hauswirtschaft
8 Ankleide

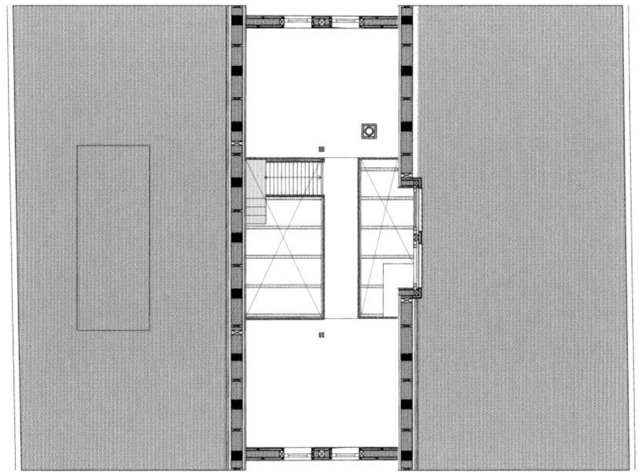

Dachgeschoss

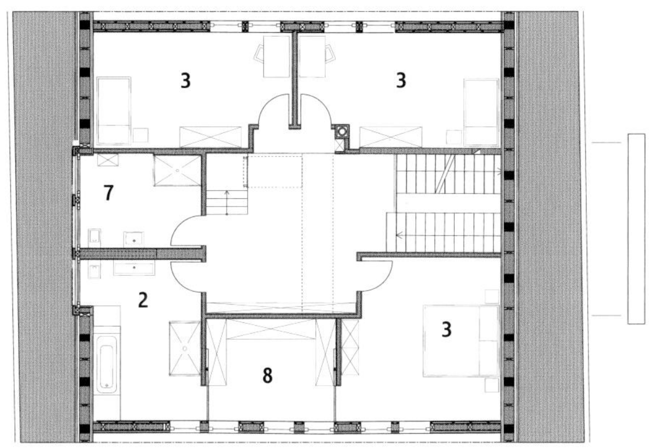

Obergeschoss

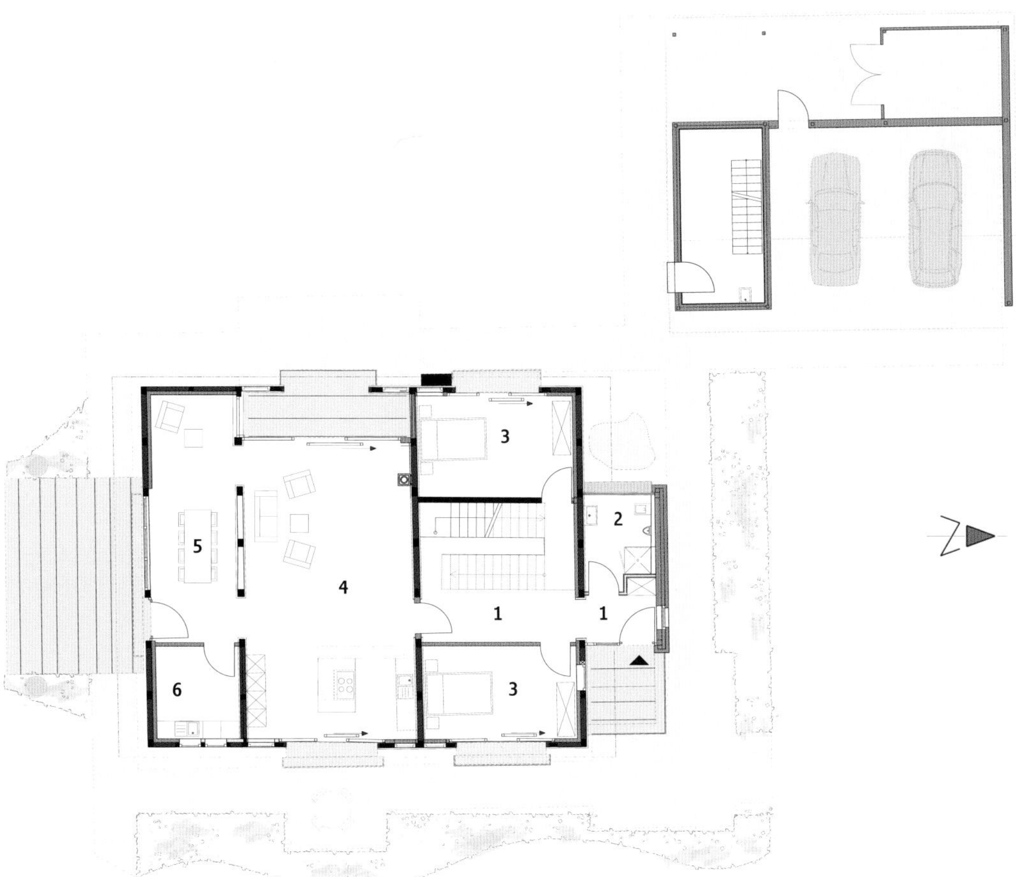

Erdgeschoss

Sanierung und Geschichte

ZEITTAFEL

1751 Erbaut als Schafstall mit Wohnabteil

um 1900: Umnutzung zum Kuhstall

2014–2017 Umbau zum Wohnhaus

WICHTIGSTE SANIERUNGSMASSNAHMEN

- Freistellen des Fachwerks und statische Ertüchtigung
- Neuausfachung mit hundertjährigen Ziegelsteinen
- Innendämmung mit Lehm und Blähton
- Unterbau einer wärmegedämmten Betonbodenplatte
- Neuaus- und -aufbau des Dachgeschosses unter Einbeziehung der historischen Dachsparren

BEIDE: Die heute gartenseitige Trauffassade vor und während der Sanierung.

LINKS UND UNTEN: Das landwirtschaftliche Gebäude befand sich zuletzt in einem Dornröschenschlaf.

LINKS UND UNTEN BEIDE: Die Fachwerkkonstruktion musste komplett entkernt werden. Im Obergeschoss entstanden neue Innenwände in Holzständerbauweise.

Die Ästhetik des Einfachen

HANDWERKERHAUS IN DER HANSESTADT WERBEN

Sanierungsplanung: Hallmann Architekten und Bernd Dombrowski

HISTORISCHES

Die idyllisch gelegene kleine Hansestadt Werben unweit der Elbe, weitläufig umgeben von Wiesen und Äckern, zählt mit nur 1100 Einwohnern zu den kleinsten Städten in Deutschland. Am Rand des historischen Stadtkerns, gegenüber der backsteingotischen Salzkirche, fällt seit Kurzem ein hervorragend saniertes Fachwerkhaus auf. Im Vergleich zu den meisten Projekten in diesem Buch könnte man es geradezu einen Neubau nennen, denn das schlichte, traufständige Häuschen wurde erst zur Zeit des Biedermeiers, etwa 1830 bis 1840, errichtet.

Das Gebäude ersetzte einen älteren Vorgängerbau; in seiner Fachwerkkonstruktion finden sich deutlich ältere, wiederverwendete Balken. Bei der Errichtung der zugehörigen Scheune kamen zudem Steine der damals abgetragenen Stadtmauer als Gefachausmauerung zum Einsatz.

Das ehemalige Handwerkerhaus mit Nebenerwerbs- und Eigenbedarfslandwirtschaft beherbergte wohl unter anderem einmal eine Bäckerei; darauf lassen Überlieferungen und Quellen schließen. Später diente es nur noch als Wohnhaus. Da es heruntergekommen war und keine sanitären Anlagen hatte, zogen die letzten Bewohner Anfang der 1990er-Jahre aus.

Anschließend ergaben sich die für manch ein Haus im Gebiet der ehemaligen DDR typischen, nicht selten zum vollständigen Verfall führenden Probleme: Das Haus gehörte einer verstreuten Erbengemeinschaft, es war mit einer Hypothek belastet, und es verfiel mehr und mehr.

Rettung kam gleichsam im letzten Moment. Ein Fahrradtourist verliebte sich in die Stadt und fasste den Plan, sich hier ein Wochenenddomizil zuzulegen. Durch Vermittlung des Arbeitskreises Werbener Altstadt erwarb er das ruinöse Haus neben der Salzkirche. Ein Programm der Städtebauförderung und die Bekanntschaft mit dem Architekten Florian Hallmann ermöglichten schließlich den restaurierenden und rekonstruierenden Wiederaufbau.

ARCHITEKTUR

Während sich die äußere Gestalt des auf nahezu quadratischem Grundriss errichteten, zweigeschossigen Satteldachhauses im Laufe seiner Standzeit nicht änderte, erfuhr die innere Raumaufteilung zahlreiche Änderungen. Befunde, etwa Fehl- und Korrekturstellen im originalen Dielenboden oder im Zuge der Sanierung freigelegte Fundamente einstiger Kaminzüge, belegen dies.

Wohl schon immer war die große, sich straßenseitig über das gesamte Obergeschoss erstreckende Wohnstube vorhanden. Die übrigen Räume wurden den sich ändernden Nutzungen angepasst, so auch beim kürzlich erfolgten Wiederaufbau. Im Erdgeschoss stellt der fachwerkenthusiastische Eigentümer zwei Räume für Ausstellungen zur Verfügung, im Obergeschoss und unter dem Dach liegen seine privaten Wohn-, Schlaf- und Arbeitsräume.

Während die beiden von der Straße aus sichtbaren Fassaden mit Backsteinen ausgefacht sind, wurden der Giebel zum Nachbarhaus und die Hofseite mit damals als weniger hochwertig geltender Lehmstakung ausgefacht. Weit verbreitet im Gebiet der heutigen Bundesländer Sachsen-Anhalt, Brandenburg und Mecklenburg-Vorpommern ist auch das betont schlichte Fachwerk, das ohne diagonale Streben an der Schauseite auskommt. Die Queraussteifung übernehmen giebelseitig oder in den Innenwänden liegende Streben.

An der Rückseite gab es noch Reste einer Außentreppe in das erste Geschoss, wie sie für die Gegend typisch ist. Diese Treppe wurde im Zuge der Sanierung wiederhergestellt.

RECHTS BEIDE: Das betont schlichte Biedermeierhaus fügt sich perfekt in die Altstadt von Werben.

SANIERUNG

Fachwerkhäuser gibt es viele in Werben, doch nicht wenige sind leider dem Verfall preisgegeben. Das hier vorgestellte Haus hatte gleich doppelt Glück: Es wurde nicht nur erhalten und wieder bewohnbar gemacht, sondern sehr sorgsam denkmalgerecht saniert.

Wo möglich und verfügbar, hat man als Ersatz für fehlende Originalsubstanz anderweitig beschaffte historische Materialien verwendet, etwa sämtliche Türblätter samt Bändern und Schlössern, zu denen ortsansässige Handwerker passende Zargen neu fertigten. Das Dach wurde mit alten Biberschwanzziegeln neu gedeckt, das bauzeitlich in Eichen- und Kiefernholz gefertigte Fachwerk mit alten Eichenbalken repariert.

Die straßenseitigen Ausfachungen mit Backstein wurden mit Kalk vermörtelt und geschlämmt, die übrigen Gefache mit Lehm ausgebessert, neue Innenwände mit Leichtlehmsteinen ausgemauert. Wo neue Materialien erforderlich waren, sollten sie ebenso natürlich sein wie ihre bauzeitlichen Vorgänger. So wählten die Beteiligten für den Boden Backsteinplatten im Erdgeschoss und massive Kieferndielen auf den beiden oberen Ebenen.

Um das Haus heutigen energetischen Anforderungen anzunähern, findet sich nun an den Außenwänden eine Innendämmung aus 60 Millimeter dicken Holzfaserplatten, verputzt mit Lehm und ergänzt um eine Wandflächenheizung.

LINKS OBEN: Die Fenster wurden authentisch zweiflüglig nach außen öffnend rekonstruiert. Links im Bild ein bewusst unsaniertes Gefach.

LINKS: Die neue hölzerne Treppe vom Eingangsbereich zu den Wohnräumen; der Boden wurde mit Ziegeln belegt.

RECHTS OBEN: Blick von der heutigen Wohnküche durch den Treppenraum in den rückwärtigen Bereich der Wohnung.

RECHTS: Auch in der Wohnküche wurden authentische Materialien verwendet.

LINKS: An der Rückseite des Hauses wurde die für die Region typische Außentreppe rekonstruiert. Die neue Gaube ermöglichte die Wohnnutzung des Dachgeschosses.

LINKS UNTEN: Unter dem Dach entstand ein luftiger Studioraum.

1 Eingang
2 Ausstellung
3 Essen
4 Küche
5 Zimmer
6 Bad
7 Hauswirtschaftsraum

Schnitt

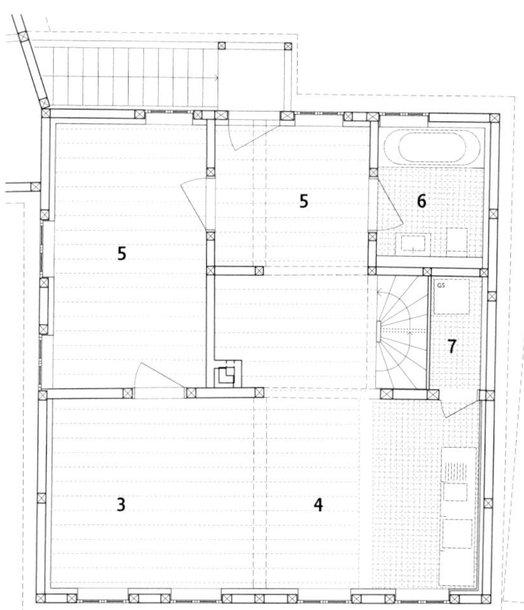

Obergeschoss

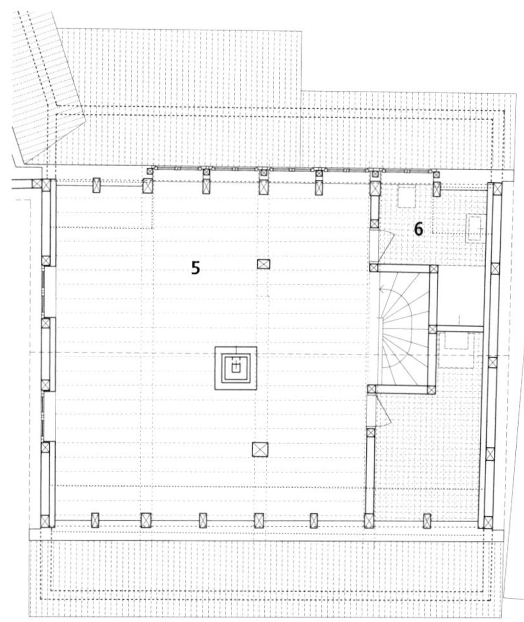

Dachgeschoss

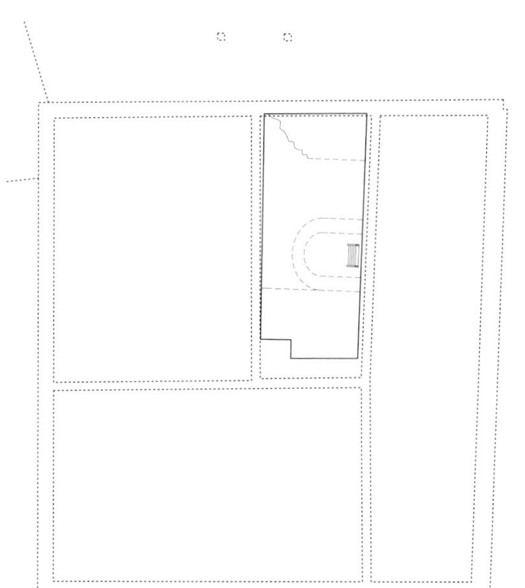

Kellergeschoss

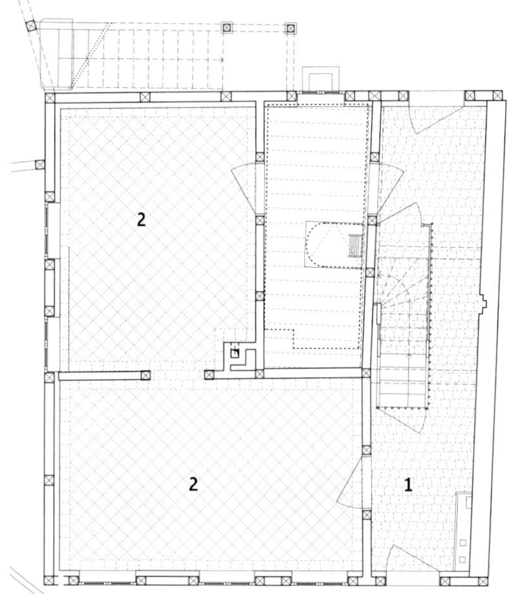

Erdgeschoss

Sanierung und Geschichte

ZEITTAFEL

1830/40 Errichtet anstelle eines Vorgängerbaus als Handwerkerhaus, evtl. Bäckerei

20. Jh. Umnutzung zum reinen Wohnhaus, zahlreiche Umbauten im Inneren

seit ca. 1991 Leerstand und fortschreitender Verfall

2012 Erwerb durch den heutigen Eigentümer

2015–2017 Denkmalgerechter Wiederaufbau

WICHTIGSTE SANIERUNGSMASSNAHMEN

- Tausch morscher Balken gegen historische Eichenbalken
- Einbau historischer Türen und nach außen öffnender Verbundfenster
- Verwendung historischer (z.B. Dachziegel) und natürlicher (z.B. Böden) Materialien

UNTEN: Die Hofseite vor der Sanierung, hier noch mit alter Außentreppe.

ALLE: Vor der Sanierung war das Haus eine Ruine mit zahlreichen Schäden an der Fachwerkkonstruktion.

Originalität und Moderne

BAUERNHAUS IN DER FRÄNKISCHEN SCHWEIZ

Sanierungsplanung: Eigentümer

HISTORISCHES

Das Fachwerkhaus in einem kleinen Dorf am nördlichen Rand der Fränkischen Schweiz entstand um das Jahr 1757 als Teil einer regionaltypischen, dreiseitigen Hofanlage. Bis in die zweite Hälfte des 20. Jahrhunderts wurde das Anwesen landwirtschaftlich genutzt.
Über die Geschichte des Hauses ist nicht viel bekannt. Historische Pläne lassen auf mehrere Umbauten schließen, ablesbar ist lediglich ein größerer: An der nordöstlichen Hofseite wurde das Gebäude wohl spätestens in den 1920er-Jahren erweitert, das Dach angehoben, der Südost-Giebel ergänzt. Ein Foto vom Beginn des 20. Jahrhunderts zeigt das Haus noch in originaler Kubatur.
Wohl schon vor dem Umbau wurde ein ins Haus integrierter Stall zu einem Wohnraum – heute Esszimmer –, der landwirtschaftliche Vorbereitungsraum daneben zur Küche. Der Modernisierungswahn der Nachkriegszeit hinterließ seine Spuren in Form begradigender Wand- und Deckenbekleidungen und neuer Türen im Erdgeschoss, ging ansonsten jedoch aufgrund eingeschränkter finanzieller Möglichkeiten der damaligen Eigentümer ohne allzu substanzzerstörende Eingriffe an dem Bauernhaus vorüber.

ARCHITEKTUR

Das zweistöckige Satteldachhaus wirkt in seiner unverbauten Schlichtheit angenehm ruhig und harmonisch. Das Haus ist traufständig zur Straße errichtet; es schließt den Hof ab. Das Erdgeschoss wurde aus örtlichem Sandstein zweischalig gemauert, das Obergeschoss und der Dachboden hat man in Fachwerk aufgesetzt – eine für Gegend und Bauzeit ganz typische Konstruktion.

Hinter dem leicht außermittig angeordneten Hauseingang findet sich ein die gesamte Gebäudetiefe durchziehender Flur. Ursprünglich ging es hier rechts in die gute Stube, dahinter lagen der Stall und sein Vorraum, aus denen später Küche und Esszimmer wurden.
Linker Hand waren Küche, Vorratskammer und Werkstatt untergebracht. Eine Besonderheit ist der heute noch vorhandene, ins Haus integrierte Holzbackofen im ersten Raum links. Ausgeführt als Kuppelbackofen ohne Abzug – der Rauch entweicht durch das Ofenloch in den Raum und erst von dort in den heute rekonstruierten Kaminzug –, wiederbelebt er seit der Rekonstruktion des zugehörigen Kamins die historische »Schwarze Küche«. Eine zugemauerte Öffnung im Sandsteinmauerwerk des Nordwestgiebels lässt vermuten, dass der Ofen ursprünglich von außen beschickt wurde. Vom Flur führt eine einläufige Holztreppe ins Obergeschoss. Hier gruppierten sich um den aufgenommenen Mittelgang Schlafräume und -kammern.
Auffällig ist, dass für das Fachwerk des Anbaus deutlich schlankere Hölzer verwendet wurden und die Gefache merklich größer ausfielen. Hier handelt es sich um vorgesetztes Fachwerk ohne statische Funktion; diese übernimmt eine dahinterliegende Ziegelwand.
Sehr gut lässt sich der Anbau auch in den ergänzten Bodendielen eines Schlafraums im Obergeschoss sowie im Kalksteinboden der Küche ablesen: Die Dielen im ergänzten Bereich sind anders gemasert, die Steinplatten im Erdgeschoss weniger abgenutzt und in einem anderen Format

RECHTS OBEN: Am Giebel lässt sich bestens der spätere Anbau ablesen.

RECHTS: Das Fachwerk des Anbaus hat keine tragende Funktion, die Balken fielen deutlich schlanker aus.

RECHTS OBEN: Durch einen lauschigen Vorgarten gelangt man zur rekonstruierten Haustür.

RECHTS UNTEN: Auf der Wetterseite wurde der Fachwerkgiebel mit Schiefer bekleidet.

verlegt. Die letzten Jahrzehnte lagen die originalen Böden unter PVC verborgen; nur mit großem Aufwand seitens der Bauherren konnten sie vom Kleber, mit dem die PVC-Platten befestigt waren, befreit werden.

SANIERUNG

Nachdem das Anwesen über mehrere Generationen im Besitz einer Familie gewesen war, erwarben es die heutigen Eigentümer vor wenigen Jahren. Im Unterschied zu manch anderem in diesem Buch vorgestellten Haus stand es zuvor nur wenige Jahre leer und drohte noch nicht zu verfallen. Ziel der Käufer war es, den ursprünglichen Charme des Hauses herauszuarbeiten, die Räume aber dennoch heutigen Wohnvorstellungen in technischer, sanitärer und energetischer Hinsicht anzupassen. Dieses Ziel wurde erreicht, doch der Weg dorthin erwies sich als aufwendiger als anfangs erhofft. Wichtig war den Eigentümern die ausschließliche Verwendung natürlicher Materialien, nicht in erster Linie aus restauratorischen, sondern aus ökologischen und wohngesundheitlichen Gründen.

Am Grundriss nahmen die Bauherren nur eine einzige Veränderung vor: Die Decke über der früheren guten Stube und den ehemals zwei kleinen Räumen darüber wurde entfernt und durch eine umlaufende Galerie mit großem Luftraum ersetzt. Dieser Eingriff zerstörte keine erhaltenswerte Substanz, da die Decke ohnehin hätte erneuert werden müssen. Er brachte jedoch eine von außen ungeahnte Großzügigkeit, Weite und Helligkeit ins Haus, die den Räumen guttut.

Obwohl die Schwelle des Fachwerks hier weit über dem Gelände liegt, musste sie zu großen Teilen erneuert werden, ebenso mehrere Stiele in ihren unteren Bereichen. Das gesamte Fachwerk wurde von seinen nicht sachgerechten Anstrichen befreit und mit zwei Anstrichen mit harzfreier, diffusionsoffener Standölfarbe neu eingelassen.

Infolge der Balkenerneuerungen mussten auch die angrenzenden, mit Backstein ausgemauerten Gefache neu gefüllt werden. Hierfür hat man neue Ziegel gewählt, die dann wieder mit Kalkputz verputzt und mit Sumpfkalkfarbe gestrichen wurden.

Das Fachwerk in der südlichen Gebäudeecke befand der beauftragte Statiker als unzureichend. Deshalb wurde von innen eine Holzständerwand vorgesetzt, die eigentlich bekleidet und verputzt werden sollte. Der Zimmerer lehnte ihre Form jedoch an eine Fachwerkkonstruktion an, was den Bauherren so gut gefiel, dass sie sie sichtbar beließen. Die Fachwerkaußenwände hat man innen mit Holzfaserdämmplatten versehen, die ebenso wie die Mauern des Erdgeschosses mit Unter- und Oberputz aus erdfeuchtem Lehm verputzt wurden. Vom Putz bedeckt wird auch eine Wandflächenheizung, die, als Nebeneffekt, die Wände trockenhält.

Während die Böden aus Solnhofener Kalkstein im Erdgeschoss gerettet werden konnten, wurde in Ess- und Wohnraum auf die vorgefundene Bodenplatte ein neuer Schieferboden verlegt. Im Obergeschoss konnten die teils wohl bauzeitlichen Dielen erhalten und nach dem Abschleifen neu mit lösemittelfreiem Hartwachs eingelassen werden. Erfreulicherweise waren auch historische Türen noch in ausreichender Zahl vorhanden, entweder an Ort und Stelle oder in der angrenzenden Scheune. Sie wurden aufgearbeitet, die Zargen teils nach altem Vorbild neu angefertigt. Die Holzbauteile im Inneren strich man mit Carnaubawachs und mit durch Mineralpigmente gefärbte Öle.

Neu eingebaut wurde auf jeder Ebene ein Bad. Während jenes im Erdgeschoss eine klassische Travertin-Ausstattung erhielt, fasziniert sein Pendant im Obergeschoss mit Oberflächen in Kalkglätte. Die Bauherrin brachte sie selbst in den feuchtebelasteten Bereichen auf. Ansonsten fand Kalkputz Verwendung; der Boden wurde mit anthrazit kontrastierenden, oberseitig geschliffenen Steinsplittern belegt.

Gänzlich erneuert werden musste das Sparrendach. Die neue Holzbalkendecke über dem Obergeschoss setzt sich, weiß lasiert, als modernes Element ab. Eine Zwischensparrendämmung aus Holzfaserplatten ermöglichte den Ausbau des Dachraums zu einem durchgängigen Vielzweckzimmer.

Die Eigentümer nahmen viele zeitintensive Arbeiten in Eigenleistung vor, teils angeleitet von kundigen Fachhandwerkern. So entkernten sie das Haus, kratzten mühsam alte Anstriche und Beschichtungen von Balken und Böden und brachten schließlich die neuen Anstriche auf. Auch die Innendämmung mit Holzfaserplatten und Lehmputz brachten sie selbst an, lediglich den Oberputz überließen sie einem darauf spezialisierten Putzer.

LINKS: Einst Stall, heute betont schlicht gehaltenes Esszimmer zwischen Küche und Wohnraum.

LINKS MITTE: Blick aus der modern eingerichteten Küche zum Esszimmer.

LINKS UNTEN: Auf der anderen Seite der Küche findet sich kontrastierend ein historischer Holzofen. An den Bodenbelägen lassen sich die einzelnen Bauphasen ablesen. Rechts im Bild die Haustür.

RECHTS BEIDE: Durch einen Deckendurchbruch entstand über dem Wohnraum eine umlaufende Galerie. Im Bild unten auf der linken Seite der Durchblick zum Backofenraum.

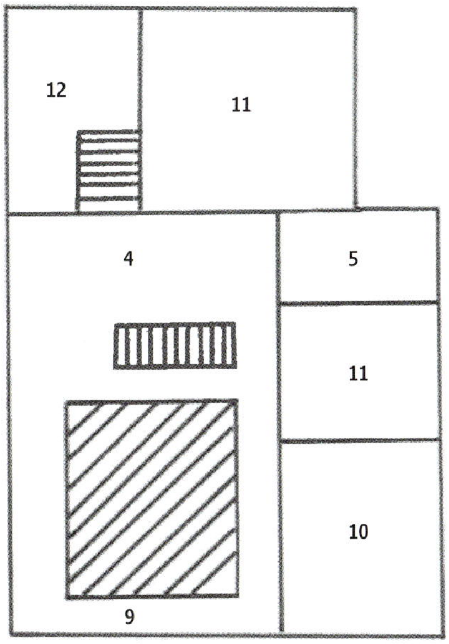

Skizze Obergeschoss

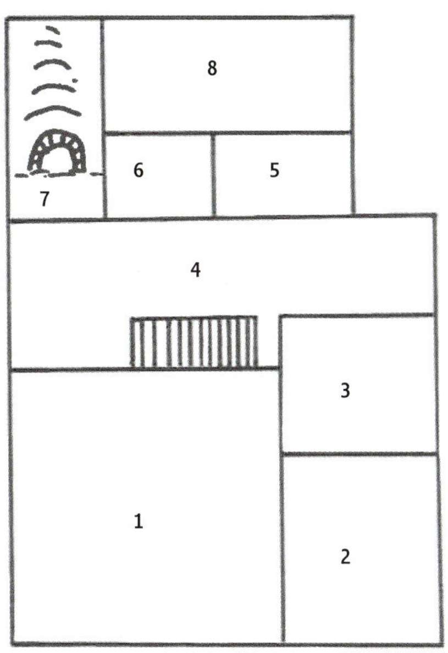

Skizze Erdgeschoss

1 Wohnen
2 Essen
3 Küche
4 Flur
5 Bad/WC
6 Werkstatt/Abstell
7 Backen
8 Heizung
9 Galerie
10 Büro
11 Schlafen/Büro
12 Abstell/Lager

LINKE SEITE OBEN LINKS: Im heutigen Büro wurde ein historischer Ofen aufgestellt. Links die Tür zur Galerie, rechts der kleine Schlafraum, im Hintergrund die Tür zum Flur des Obergeschosses.

LINKE SEITE OBEN RECHTS: Das Bad im Obergeschoss wurde von der Bauherrin mit Kalkglätte sorgsam verputzt.

LINKE SEITE UNTEN: Der Flur im Obergeschoss. Im Hintergrund von rechts: die offene Tür zum kleinen Schlafzimmer, die Badtür, an der linken Wand Schlafzimmertür und Zugang zum Dachgeschoss.

GANZ OBEN: Durch die neu eingerichtete Ankleide verläuft der Kaminzug des darunter liegenden Backofenraums.

OBEN: Der Backofen entlässt auch heute noch seinen Rauch in den davorliegenden Ofenraum.

Sanierung und Geschichte

ZEITTAFEL

1757 erbaut

Vermutlich 1920er-Jahre Anbau, einseitiges Anheben des Dachs

1960er-Jahre Aufgabe der Landwirtschaft

WICHTIGSTE SANIERUNGSMASSNAHMEN

– Entfernen unsachgemäßer Anstriche des Fachwerks und Austausch maroder Hölzer

– Statische Ertüchtigung des Fachwerks

– Innendämmung mit Holzfaserplatten, Lehmputz, Wandflächenheizung

– Neue, stilistisch passende Fenster

– Deckendurchbruch über heutigem Wohnzimmer

– Komplette Erneuerung des Dachstuhls

OBEN: Historische Aufnahme, noch ohne Anbau.

LINKS UND OBEN: Zustand beim Kauf durch die heutigen Eigentümer.

ALLE: Impressionen aus der Zeit der Revitalisierung des Hauses.

Rekonstruiert und geöffnet

STADTHAUS IN ASCHERSLEBEN

Sanierungsplanung: qbatur Planungsgenossenschaft

HISTORISCHES

Um die gotische Stephanikirche in Aschersleben legt sich idyllisch ein Kirchhof mit geschlossener Randbebauung. Die kleinen Häuser stehen traufständig aneinandergereiht, darunter auch das hier behandelte Stadthaus.
Die Kirche wurde im 15. Jahrhundert erbaut, das zweistöckige Haus hingegen erst in der zweiten Hälfte des 17. Jahrhunderts. Ursprünglich dürfte es sich um ein Handwerkerhaus gehandelt haben. Insbesondere das Erdgeschoss wurde im Laufe der Geschichte mehrmals umgebaut. So hat man neben der vorhandenen Tordurchfahrt ein zweites Tor in die Fassade geschnitten und später vermauert, nur eine Türöffnung blieb.
Die Fassaden des Fachwerkhauses wurden irgendwann verputzt. Vor seiner Wiederbelebung vor wenigen Jahren verwies auch der massiv abbröckelnde Putz auf den dringenden Handlungsbedarf nach Jahrzehnten des Leerstands.

ARCHITEKTUR

Das Haus steht auf einer leicht trapezförmigen Grundfläche von etwa 6 x 6 Metern. Prägendes Merkmal im Erdgeschoss war und ist die in den Hinterhof führende Tordurchfahrt, von der eine Treppe in den Gewölbekeller führt.
Der verbliebene Erdgeschossraum dient heute als Wohnküche, abgetrennt wurde nur ein kleiner Eingangsbereich mit Toilette.
Das Obergeschoss kragt leicht aus. Während die Fassade im Erdgeschoss wieder verputzt wurde, zeigt sie sich darüber heute fachwerksichtig, wenngleich Ton in Ton gestrichen und geschlämmt. Im Inneren finden sich hier ein größerer Wohnraum, ein Schlafzimmer und ein Bad; früher war die Etage deutlich kleinteiliger unterteilt. Zwei weitere Schlafräume mit Bad wurden unter dem Dach angeordnet.
Anstelle eines baufälligen, dunklen, nicht originalen Anbaus im Hof entstand ein moderner Glasanbau, der sich über beide Stockwerke erstreckt und für Wintergartenatmosphäre sorgt. Die Gefache der einstigen Außenwand wurden hier entnommen, so sind die Wohnräume im Erd- und ersten Obergeschoss galerieartig miteinander verbunden.
Gestalterisch mit dem Glasanbau zusammenhängend, verbindet heute eine nahezu schwebend wirkende Stahltreppe die Ebenen. Historische und heutige Elemente ergeben einen harmonisch wirkenden Kontrast, sie verbinden Bauzeit und Sanierungszeit miteinander.

SANIERUNG

Das heutige Erscheinungsbild des Hauses greift drei Epochen seiner Geschichte auf, abhängig von der jeweils vorgefundenen Substanz und deren Zustand. Während etwa die straßenseitige Fassade im Obergeschoss bauzeitlich barock rekonstruiert wurde, zeigt sich das Erdgeschoss im Stil des 19. Jahrhunderts. Zum Hof hin war ohnehin kaum sanierbare historische Substanz vorhanden, was man zur Öffnung des Gebäudes durch jenen modernen Glasanbau genutzt hat.
Die Fachwerkkonstruktion wurde, wo zur Reparatur erforderlich, freigelegt und zimmermannsmäßig in alter Technik instand gesetzt. Die Gefache wurden anschließend wieder mit Backstein vermauert und mit Kalkputz versehen. Zur Straße hin entstand die bauzeitliche, dezente Zierausfachung im Rautenmuster neu, nach Befund monochrom mit dem Fachwerk farbig gefasst. An der Rückseite findet sich ein reines Nutzfachwerk.

RECHTS: Aufgrund ihres maroden Zustands konnte die Rückfassade guten Gewissens durch einen zweigeschossigen Wintergarten ersetzt werden.

LINKS: Die moderne Stahltreppe, hier im Obergeschoss.

LINKS UNTEN: Blick aus dem Wintergarten über den Essplatz zur straßenseitigen Küche im Erdgeschoss.

RECHTS BEIDE: Der Wohnraum im Obergeschoss.

Im Inneren blieben einige Wände unausgefacht, und einige Riegel wurden entnommen. So ergibt sich ein heutigen Bedürfnissen entsprechendes, großzügiges Raumgefühl, die ursprüngliche Aufteilung jedoch ist nach wie vor ablesbar. Die Holzbalkendecken erhielten eine lehmgebundene Füllung. Soweit noch intakt, kamen darauf die vorgefundenen Holzdielen wieder zum Einsatz. In anderen Bereichen wurde ein Holz-Magnesit-Estrich auf Bretterschalung eingebracht, der einen dünnen Aufbau ermöglicht und die Schwingungen der Decke reduziert. Hier setzen sich die Böden gestalterisch gezielt vom Bestand ab; Fliesen, Linoleum und auch Sichtestrich kamen zum Einsatz.
Eine Holzfaser-Innendämmung mit Lehm- und Kalkputz bringt das Haus heutigen energetischen Vorstellungen nahe. Für gleichmäßige Wärmeverteilung, Temperierung der Wände und einen hohen Anteil an Strahlungswärme sorgen Wand- und Fußbodenheizflächen.
Von besonderer gestalterischer Bedeutung sind die historischen Türen, die teilweise aus dem Haus selbst stammen, sowie die sorgfältig geschreinerten Fenster. Im Obergeschoss wurde eine barocke Kreuzstock-Fensterreihung mit Bleiverglasung rekonstruiert. Um heutigen Wärme- und Schallschutzanforderungen zu genügen, erfolgte innenseitig die Aufdoppelung zum Kastenfenster. Die größeren Fenster in Erd- und Dachgeschoss orientieren sich an Bauformen des 19. Jahrhunderts. Sie wurden pragmatisch isolierverglast.

LINKS: Straßenseitig gibt sich das Haus in rekonstruierter barocker Fassung.

LINKS UNTEN: Vor der Sanierung zeigte das Haus Spuren vieler Umbaumaßnahmen.

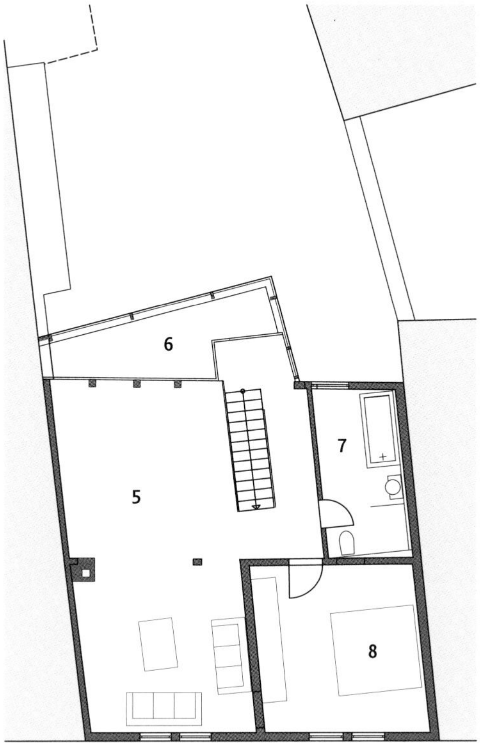

Obergeschoss

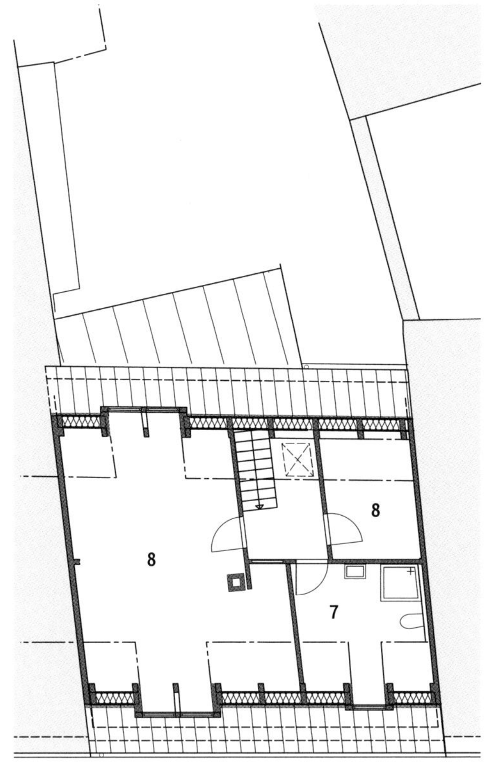

Dachgeschoss

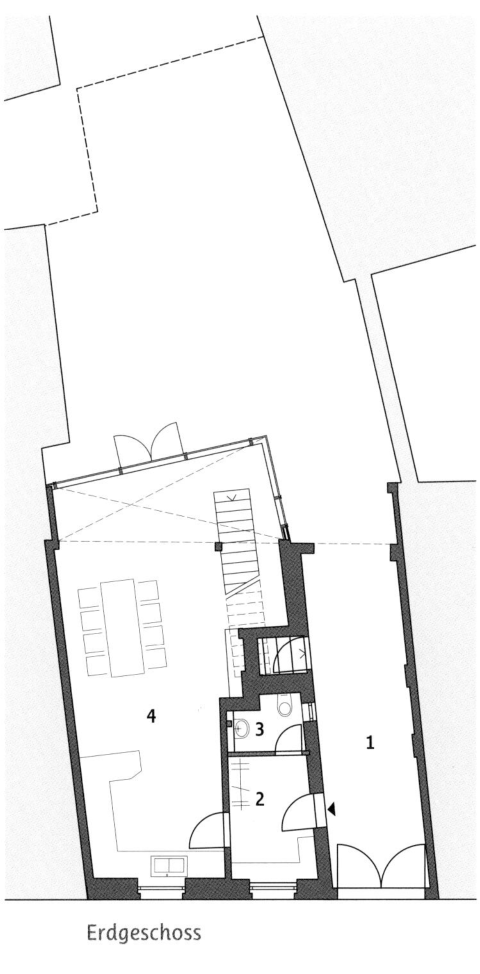

Erdgeschoss

1 Durchfahrt
2 Eingang
3 Toilette
4 Wohnküche
5 Wohnzimmer
6 Luftraum
7 Bad
8 Zimmer

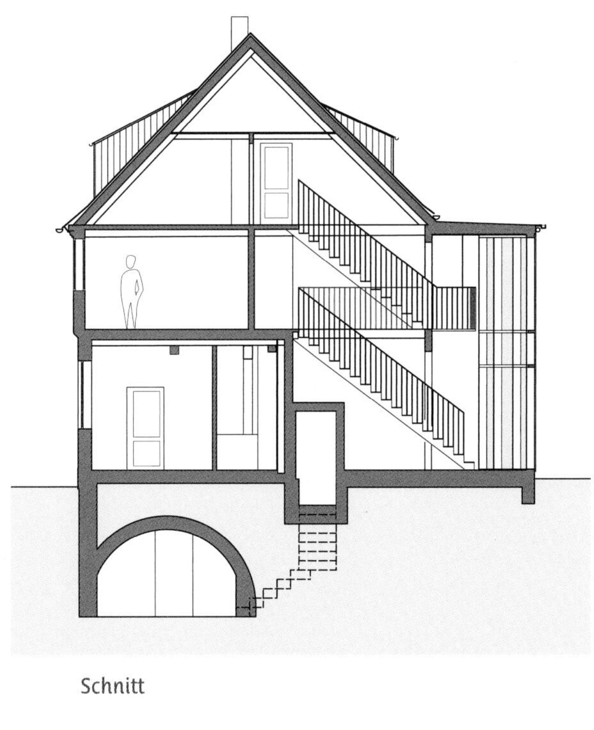

Schnitt

Sanierung und Geschichte

ZEITTAFEL

Zweite Hälfte 17. Jh. Bau des Hauses

20. Jh. Diverse Umbauten, v.a. im Erdgeschoss

Ende 20. Jh. Leerstand und Verfall

WICHTIGSTE SANIERUNGSMASSNAHMEN

- Zimmermannsmäßige Reparatur des Fachwerks und des Dachstuhls
- Ausmauerung reparierter Gefachfelder, teilweise Backstein-Zierausmauerung nach historischer Vorlage, Kalkputz
- Innendämmung Holzfaser mit Lehm- und Kalkputzen
- Fenster mit denkmalgerechter Profilierung und Isolierverglasung, im ersten Stockwerk bleiverglaste Kastenfenster mit Kreuzstock
- Erneuerung Dacheindeckung: Biber-Doppeldeckung mit historischen Ziegeln
- Zweigeschossiger Glasanbau zur Hofseite

LINKS UND UNTEN: Vor der Sanierung bot das Haus einen trostlosen Anblick.

ALLE: Sensible moderne Eingriffe machten das Haus zukunftsfähig.

Das älteste Haus der Stadt

BÜRGERHAUS IN NEUMARKT IN DER OBERPFALZ

Sanierungsplanung: Kühnlein Architektur

HISTORISCHES

Als ältester erhaltener Profanbau Neumarkts genießt das 1430 erbaute Bürgerhaus heute einen hohen Stellenwert in der Stadt. Das war nicht immer so. Noch kurz vor Beginn der Sanierung stellte der damalige Eigentümer sogar einen Abrissantrag für das heruntergekommene Gebäude. Statt diesen Antrag zu billigen, erwarb die Stadt das Anwesen. Im Raum stand zunächst der Gedanke, das Fachwerkhaus in das Oberpfälzer Freilandmuseum Neusath-Perschen umzusetzen. Doch hat man es letztlich vor wenigen Jahren am Ort seiner Erbauung fachgerecht saniert und im Vorfeld eingehend erforscht. Befunde und Quellen lassen bauliche Veränderungen und Eigentümerwechsel über die Jahrhunderte hinweg recht genau erkennen – abgesehen ausgerechnet von der jüngeren Vergangenheit zwischen 1951 und 1989.

Wenige Jahrzehnte nach seiner Errichtung muss das Haus in den Besitz einer wohlhabenden jüdischen Familie gekommen sein, die eine Mikwe einbaute. Später zugeschüttet und jüngst wieder eingerichtet, ist das mittelalterliche jüdische Ritualbad heute zu besichtigen.

Ein erster wesentlicher Eingriff fand in den Jahren um 1610 statt: Insbesondere erhielt das Haus eine aufwendige Teilunterkellerung. Die Gefache, ursprünglich mit Lehmstakung ausgefacht, wurden später durch Backsteinausmauerungen ersetzt.

1772 kam es zur typischen Barockisierung: In diesem Zuge hat man nicht nur die Fenster vergrößert, sondern auch Stuckdecken von den ursprünglichen Bohlen-Balken-Decken abgehängt und die Fachwerk-Innenoberflächen der Wände verputzt. 1867 verschwanden schließlich sämtliche Fassaden hinter einer egalisierenden Putzschicht, nachdem zuvor der Versprung zwischen beiden Stockwerken durch eine dem Erdgeschoss vorgesetzte weitere Mauerschale ausgeglichen worden war.

ARCHITEKTUR

Schlicht gibt sich heute der Stockwerksbau mit verputztem Erdgeschoss. Einziges Ornament ist die Grafik des gotischen Fachwerks. Die in barocker Größe rekonstruierten Fenster geben den Fassaden ein Gesicht.

Trotz zahlreicher Eigentümerwechsel und teils tiefgreifender Baumaßnahmen hat sich die Architektur des Hauses in ihren Grundzügen von der Erbauung zur Zeit der Gotik über Renaissance, Barock und Gründerzeit bis heute erhalten. Im Erdgeschoss und ersten Stock liegen jeweils vier Räume, zwei an jeder Giebelseite, dazwischen ein durchlaufender Gang, Hausplatz genannt. Ein zweigeschossig steil aufragendes Krüppelwalmdach lässt den Baukörper höher und schmaler wirken, als er ist.

Immer mal wieder in der Geschichte des Hauses hat man im Inneren Wände versetzt, entfernt, später wieder ergänzt, den Hausplatz im oberen Stock als weiteren Wohnraum abgetrennt. Im Zuge der nachträglichen Teilunterkellerung musste der Erdgeschossboden teilweise etwas angehoben werden.

Während ursprünglich nur die heute an der Außenseite wieder ablesbare Bohlenstube in der Südwestecke des oberen Stocks beheizbar war, sind nach und nach immer mehr Räume mit unterschiedlich gearteten Öfen ausgestattet worden. Diese Entwicklung verweist nicht nur auf eine stetige Aufwertung des Hauses, sondern auch auf die dramatische Abkühlung des Klimas bis zum Beginn des 17. Jahrhunderts.

RECHTS: Das älteste Haus Neumarkts stellt heute wieder ein Juwel der Innenstadt dar.

Gewohnt hat man in der Zeit der Errichtung des Hauses wohl nur im oberen Stock, im Erdgeschoss lagen Ökonomieräume, eventuell auch Stallungen. Dementsprechend gab es auch zunächst keine interne Verbindung der beiden Ebenen. Die Wohnräume waren von außen über einen sogenannten Altan (äußerer säulen- oder mauergestützter Vorbau) zu erreichen. Eine erste Innentreppe wurde im 20. Jahrhundert eingefügt – und im Zuge der jüngsten Sanierung wieder gänzlich entfernt.

SANIERUNG

Ziel der Sanierungsplanung war stets, dem Haus seine einmalige Vielschichtigkeit zu belassen und mit verträglichen Handwerkstechniken, althergebrachten Materialrezepturen sowie angemessener Oberflächengestaltung und Farbgebung zu arbeiten. Die nötige Haustechnik als Grundbedingung für eine zeitgemäße Nutzung musste äußerst behutsam und substanzschonend untergebracht werden.
Sorgfältig hat man abgewogen, welche historischen Veränderungen am Originalzustand als erhaltenswert anzusehen seien, und man kam zu dem Ergebnis, die barocke Fassung des Hauses als Grundlage für die Sanierung anzusehen. Die späteren Veränderungen, etwa die Vormauerschale im Erdgeschoss, wurden rückgebaut.
Die brüchigen, abgehängten Stuckdecken aus dem Barock konnten restauriert werden, darüber haben sich die bauzeitlichen Bohlen-Balken-Decken erhalten. Die filigran abgehängten Decken mussten während der gesamten Sanierung im Gebäude bleiben und abgestützt werden, das Fachwerk und die Deckenbalken mussten um sie herum instandgesetzt werden. Auch dabei ging man behutsam und substanzschonend vor, ausgetauscht wurden nur marode Balkenabschnitte, originalgetreu angepasst.
Die Fenster sind barock rekonstruiert und als Kastenfenster ausgeführt. Erhaltenswerte oder erhaltbare Fußböden gab es nicht mehr, auch für sie wurde adäquater Ersatz aus Holz und Ziegel gewählt.
Um das Haus zukünftig besser im Blick zu haben und bauhistorisch Interessierten den Zugang zu ermöglichen, wird es momentan nicht mehr als Wohnhaus genutzt. Die Räume stehen zwei Vereinen zur Verfügung, eine Nutzung als Wohnhaus wäre aufgrund der unveränderten Aufteilung jedoch jederzeit wieder möglich.

LINKS BEIDE: Authentisch, jedoch deutlich als neu erkennbar, wurden Türen und Fenster nach historischen Vorbildern gefertigt.

RECHTS: Wie zu seiner Bauzeit, erfolgt die Erschließung des Obergeschosses auch heute wieder ausschließlich über eine sogenannte Altane.

RECHTS UNTEN: Detail der Fachwerkfassade; hinter der ungeteilten Putzfläche verbirgt sich die Bohlenstube des Obergeschosses.

RECHTS UND LINKE SEITE OBEN BEIDE: Impressionen aus den Innenräumen mit rekonstruierten Details.

LINKE SEITE UNTEN LINKS: Die Mikwe entstand wenige Jahrzehnte nach Bau des Hauses.

LINKE SEITE UNTEN RECHTS: Der Dachstuhl lässt noch den partiellen Austausch einzelner Hölzer erkennen.

RECHTS: Zugang zur Mikwe vom Eingangsbereich im Erdgeschoss.

Ansicht

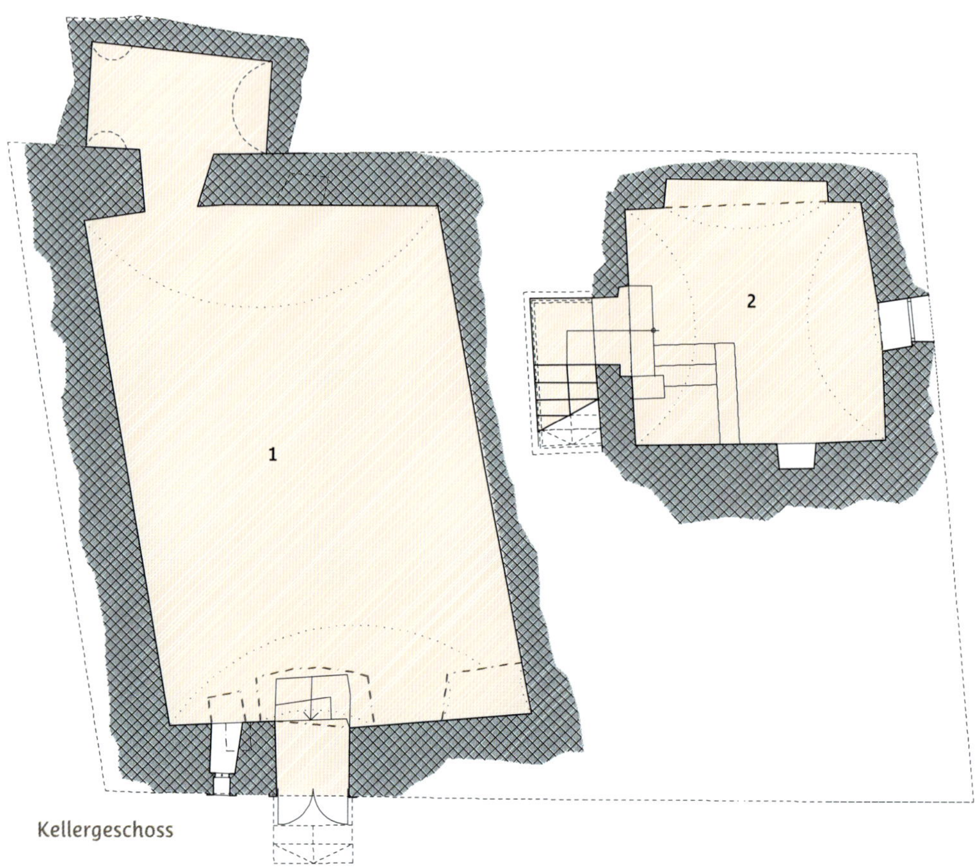

Kellergeschoss

Obergeschoss

1 Keller
2 Mikwe
3 Eingang
4 Zimmer
5 Sanitärraum (rückbaubar zum Zimmer)

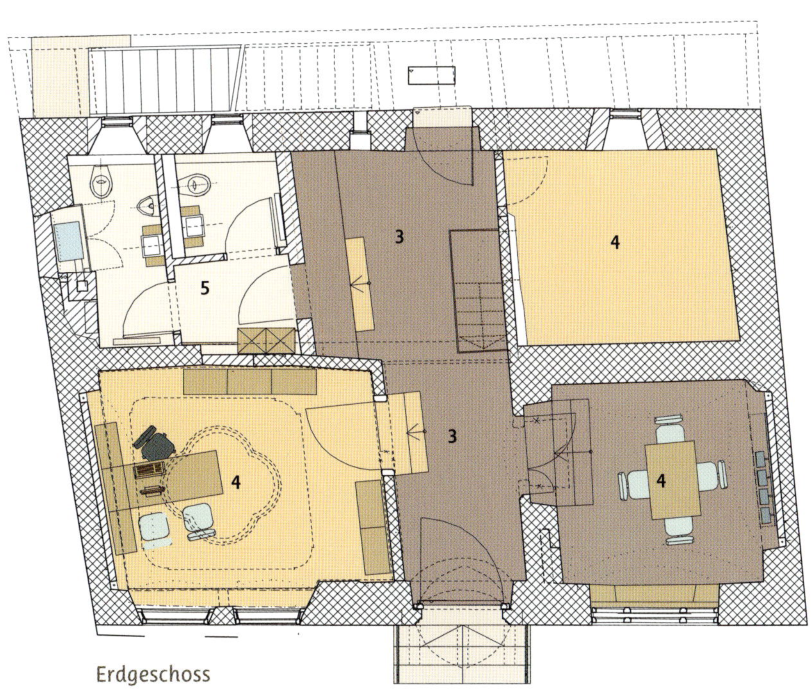

Erdgeschoss

Sanierung und Geschichte

ZEITTAFEL

1430 Bau des Hauses komplett in Fachwerkbauweise; Ökonomieräume im Erdgeschoss, Wohnen im oberen Stock

2. Hälfte 15. Jh. Einbau einer Mikwe

ab 1610 Teilunterkellerung; Ersatz der Fachwerk-Erdgeschosswände durch Mauerwerk

ab 1772 Barockisierung mit größeren Fenstern, abgehängten Stuckdecken, Verputz von Fachwerkoberflächen und der Bohlenstube

1867 Vormauerschale Erdgeschoss und Verputz der Fassaden

1989 Abrissantrag, Kauf durch Stadt Neumarkt

2002 Bauaufnahme und bauhistorische Untersuchungen

WICHTIGSTE SANIERUNGSMASSNAHMEN

– Zimmermannsmäßige Reparatur der Holzkonstruktion mit Austausch geschädigter Holzabschnitte

– Ausmauerung reparierter Gefachfelder mit kleinformatigen Hochlochziegeln, außenseitig Kalkputz, Anstrich des Fachwerks mit pigmentiertem Leinöl

– Rekonstruktion barocker Fenster als Kastenfenster in Eiche

– Erneuerung der Dacheindeckung mit nachgefertigten, handgestrichenen gotischen Biberschwanzziegeln

– Erneuerung der Altanenerschließung

– Wiederherstellung in barocker Fassung

OBEN: Vor wenigen Jahrzehnten stand das Fachwerkhaus als dezenter, verputzter Altbau am Straßenrand.

UNTEN: Um das Gebäude in ein Freilandmuseum zu translozieren, wurden der Putz abgeschlagen und das Dach abgedeckt.

ALLE: Zur Sanierung wurde eine Einhausung erstellt.

Pragmatismus mit Charme

EHEMALIGES BAUERNHAUS IN HIRZEL (CH)

Sanierungsplanung: Architekturbüro Dr. Schmitz-Riol

HISTORISCHES

Viel ist nicht bekannt aus der Geschichte des sympathischen Hauses im idyllischen Alpenvorland nahe Zürich. Im Jahr 1783 wurde es als kleines Bauernhaus mit unmittelbar angebauter Scheune errichtet – als Riegelbau, wie Fachwerkhäuser in der Schweiz heißen. Die Wohnfläche war nicht einmal halb so groß wie heute und teilweise untergliedert in kleine Kammern.

In der zweiten Hälfte des 20. Jahrhunderts lebte in dem Haus ein Architekt, der das ehemalige Scheunengebäude zum Wohnraum umbaute. 1984 brannte dieser Teil des Gebäudeensembles allerdings ab und wurde in alter Kubatur neu errichtet.

ARCHITEKTUR

Ländlich wohnen in einem Haus mit Geschichte, doch mit der Großzügigkeit und dem Komfort unserer Tage – das war der Wunsch der Bauherrin, als sie das Anwesen vor einigen Jahren erwarb. Es bot zwar das gewünschte Ambiente, war jedoch von Großzügigkeit weit entfernt.

Man betritt das Haus heute an der Ostseite der früheren Scheune. Nur eine nicht ausgefachte Riegelwand trennt den Eingangsbereich von der rustikalen Essküche, wodurch sich beide Räume gegenseitig ein Stück Großzügigkeit schenken. In der Küche wurden französische, handgeformte Terrakottafliesen verlegt und eine Massivholzarbeitsplatte mit einer wuchtigen Spüle aus belgischem Blaustein kombiniert. Auch das Erscheinungsbild des Gasherds, die Fronten der Unterschränke und der große Esstisch mit zwei schlichten Bänken erinnern an Großmutters Zeiten.

Der heutige Wohnraum, der durch Zusammenlegen zweier kleiner Räume entstand und sich im Winkel um einen offenen Kamin legt, schließt sich an. Original ist die alte Holzbalkendecke; die einstigen Fenster an der Westseite wurden zu Terrassentüren vergrößert. Als besonders charmantes Plätzchen hat man auf der Südseite eine Schachecke in eine Fensternische integriert, wie man sie auch in manch mittelalterlicher Burg findet. Jenseits der Fenster gibt es auf der West- und Südseite des Hauses zwei lauschige Terrassen unter alten Bäumen mit Blick über die bezaubernde Landschaft.

Das Obergeschoss des ursprünglichen Wohnhauses nimmt heute in Gänze das Schlafzimmer ein. Hinzu kommt ein romantisches Wohnbad: ein Raum wie ein Wohnzimmer mit Parkettboden, weiß gestrichener Wandvertäfelung und einer flauschigen Chaiselongue, jedoch ergänzt um eine frei stehende Badewanne, einen Waschtisch und, in einer Ecke, eine Dusche. Wanne und Waschtisch sind historisierend gestaltet, den Kontrast dazu bildet die Dusche mit Ganzglasabtrennung, einziges modernes Element im Raum.

Unterm Dach der ohnehin nicht historischen, da wiederaufgebauten Scheune entstanden hell gehaltene weitere Räume in einem abstrahierenden Landhausstil.

SANIERUNG

Als die heutige Eigentümerin das Anwesen kaufte, bestimmten vor allem kleine Kammern das Bild, und so musste die eine oder andere Wand weichen. Dennoch war es ein wesentliches Ziel der Bauherrin und ihres Architekten, möglichst viel historische Substanz zu erhalten, besonders im heutigen Schlafzimmer, das zuvor stets Wohnraum war. Dessen Ambiente ist wieder geprägt von der wohl bauzeitlichen dunklen Holzvertäfelung von Decke und

RECHTS: Die heutige braun-graue Farbfassung steht dem urtümlichen Riegelhaus bestens.

LINKS UND RECHTE SEITE: Eine Dachterrasse auf dem Anbau und eine Gartenterrasse erweitern die Wohnfläche nach draußen.

UNTEN: Das Ensemble besteht aus dem historischen Riegelhaus und seiner anstelle einer Scheune entstandenen Ergänzung.

Wänden sowie von historischen Kastenfenstern mit filigranen Rahmen und Beschlägen. Komplettiert wird das Bild von einem Parkettboden in Fischgrätmuster. Auch historische Einrichtung hat sich hier erhalten oder wurde ergänzt: Ein Schrank aus der Bauzeit des Hauses, ein dazu passendes französisches Bett und eine fest in eine Wandnische eingelassene Standuhr möblieren den Raum stilgerecht. Nach außen wurde das Fachwerk instand gesetzt und wieder im ursprünglichen Grauton gestrichen. Diesen Ton erhielt auch die Holzbekleidung des sehr dunkel gehaltenen Anbaus.

Im Vergleich zu den übrigen Projekten in diesem Buch ist man hier besonders frei mit dem Vorgefundenen umgegangen. Einerseits wurde sehr stark modernisierend eingegriffen, andererseits in großem Umfang historisierend ergänzt. An manchen Stellen lässt sich nicht mehr ablesen, was

tatsächlich historisch ist. Aus denkmalpflegerischer Sicht mag das diskussionswürdig sein, insgesamt aber überzeugt das Ergebnis. Das zuvor im Stil der 1970er-Jahre überformte Haus erhielt seinen historischen Charme in luftigerer Form zurück, sein Überleben in den nächsten Jahrzehnten wurde gesichert.

Genau genommen, ist die Vorgehensweise aus der Geschichte durchaus bekannt: Das Haus wurde den Wohnbedürfnissen seiner Umbauzeit angepasst, ohne den Rahmen zu sprengen. Bereits im Barock hatte man Fenster vergrößert und im 19. Jahrhundert historisierende Elemente verwendet.

LINKS: Trotz moderner Großzügigkeit blieb viel vom rustikalen Charme des Hauses erhalten, hier der heutige Wohnraum.

LINKS UNTEN LINKS: Die ländlich gestaltete Küche im Erweiterungsbau.

LINKS UNTEN RECHTS: Eine freigelegte historische Blockbohlenwand.

RECHTS: Im heutigen Schlafzimmer im Obergeschoss des Altbaus findet sich eine bauzeitliche Wandbekleidung.

RECHTS: Nicht originales, aber liebevolles Detail im Wohnraum.

GANZ RECHTS: Ein sorgsam rekonstruiertes Kastenfenster mit authentischen Beschlägen.

LINKS: Unterm Dach entstand neuer Wohnraum.

LINKS UNTEN: Ausdrücklicher Wunsch der Bauherrin war ein Wohnbad. Der ungewöhnliche Raum wurde mit nicht authentischen, aber historisierenden Ausstattungsstücken realisiert.

Ansicht

1 Eingang
2 Toilette
3 Küche
4 Wohnen
5 Schlafen
6 Wohnbad
7 Zimmer

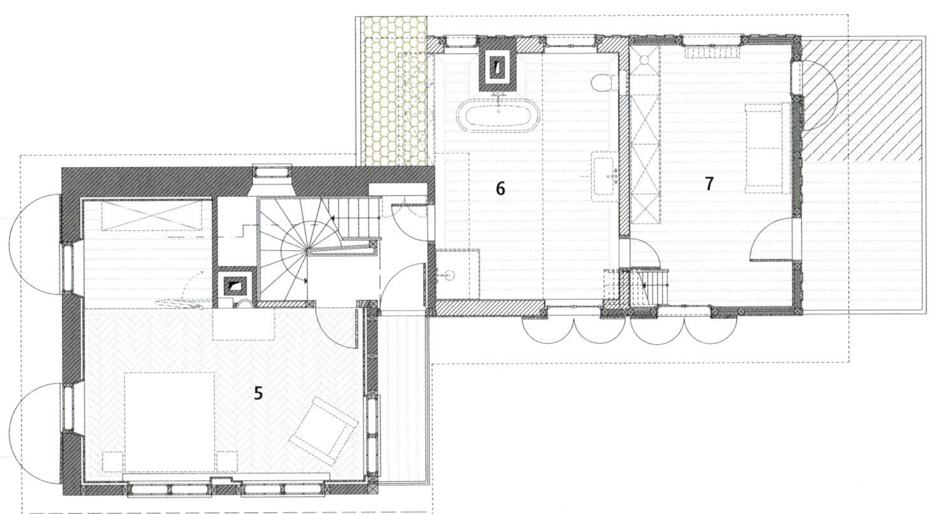

Obergeschoss

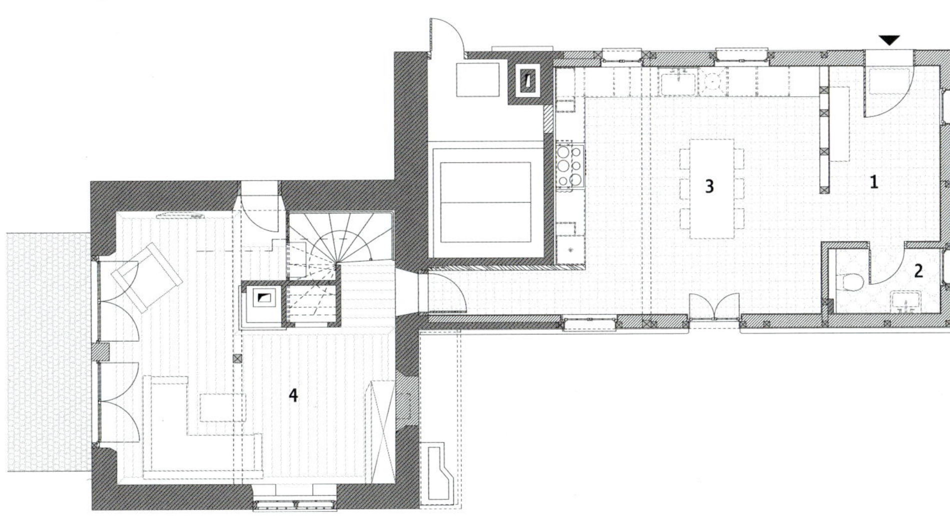

Erdgeschoss

Sanierung und Geschichte

ZEITTAFEL

1783 Errichtung als kleines Bauernhaus mit unmittelbar angebauter Scheune

20. Jh. Umbau der Scheune zum Teil des Wohnhauses

1984 Brand der ehemaligen Scheune und Neuaufbau

WICHTIGSTE SANIERUNGSMASSNAHMEN

- Zusammenlegen kleiner Räume
- Erhalt historischer Substanz
- Herunterbrechen von Fensterbrüstungen im Wohnbereich zur Verbindung von Innen- und Außenraum
- Umgestaltung des ehemaligen, 1984 nach Brand erneuerten Scheunenumbaus in ländlichem Stil

UNTEN: Vor dem Umbau hatte das Haus eine völlig andere Ausstrahlung.

RECHTS UND UNTEN: Die Wohnräume im Stil der 1970er-Jahre.

OBEN UND LINKS: Details aus der Umbauzeit.

Rekonstruktion eines Puzzles

STADTHAUS IN LIMBURG

Sanierungsplanung: Architekturbüro Stephan Dreier

HISTORISCHES

Das heute in der Limburger Fachwerk-Innenstadt unterhalb des Doms gelegene Haus wurde 1536 erbaut. 1418 ist ein Vorgängerbau an dieser Stelle urkundlich erwähnt. Wie so viele Häuser, wurde auch dieses zur Zeit des Barocks der damaligen Mode und den veränderten Wohnbedürfnissen angepasst: 1678/79 erfolgte der Einbau größerer Fenster, beidseits wurden die großen Zwerchhäuser angefügt, die das traufständige Haus bis heute auf den ersten Blick giebelständig erscheinen lassen. Im Inneren installierte man eine bis heute erhaltene hölzerne Spindeltreppe.

Ausgetauscht wurde die Erdgeschosswand der Vorderseite. Mit geschnitzten Pfosten und einem neuen Rähm entstand eine damals moderne Fassade für die schon immer gewerbliche Nutzung des Erdgeschosses. Bei den geschnitzten Pfosten handelte es sich um damals schon alte, anderswo ausgebaute Stücke, die noch Einschüsse aus dem Dreißigjährigen Krieg aufweisen. Eine barocke Deckenuntersicht vervollständigte das neue Erscheinungsbild des Raums im Inneren, unter dem noch ein imposanter Gewölbekeller liegt, der sich unter der Straße ein Stück weit fortsetzt.

In der zweiten Hälfte des 19. Jahrhunderts wurden die Fenster abermals vergrößert und die bis dahin fachwerksichtige Fassade verputzt. Den geschweiften Wellengiebel des vorderseitigen Zwerchhauses hat man gerade abgebeilt und erhielt so einen Dachüberstand.

Nach dem Zweiten Weltkrieg blieben die oberen Etagen unbewohnt, was dem Haus weiteren Substanzverlust ersparte. Im Erdgeschoss wurde bis 2010 ein schon über Generationen hier ansässiges Uhrengeschäft betrieben.

ARCHITEKTUR

Nur wenige Meter breit, entwickelt sich das Haus über drei Stockwerke und zwei Dachebenen nach oben. Ungewöhnlich für einen Stockwerksbau sind die geringen Auskragungen der einzelnen Geschosse. An beiden Giebelseiten hat das Gebäude keine eigenen Außenwände, stattdessen wurden die Giebel der somit noch älteren, später überformten Nachbarhäuser mit genutzt.

Beide Traufseiten grenzen unmittelbar an den öffentlichen Raum, der heute Fußgängerzone ist. Die Erschließung der oberen Ebenen erfolgt von der rückwärtigen Gasse aus. Über einen schmalen, kurzen Gang gelangt man zur mittig gelegenen Erschließungszone mit Treppe. Zur Vorderseite hin findet sich auf jedem Stockwerk ein durchgehender Raum. Die nach Befund rekonstruierten Fensterreihungen lassen darauf schließen, dass diese Räume auch bauzeitlich nicht unterteilt waren. An der Rückseite hingegen fanden sich kleinere Kammern, heute umgenutzt zu Schlafräumen mit lose abgetrennten Durchgangsbädern.

SANIERUNG

Als der heutige Eigentümer Jürgen Kremer das Haus vor einigen Jahren erwarb, fand er ein komplett sanierungsbedürftiges Puzzle von Bauteilen aus mehreren Jahrhunderten vor. Die barockisierte vordere Fassade wies nur Fragmente aus der Bauzeit auf, große Teile der Rückfront stammen noch aus dieser Zeit, ebenso die Deckenbalken und eine samt Gefachen erhaltene Querwand im zweiten Stockwerk.

RECHTS: Auch in der Fachwerkstadt Limburg sticht das ungewöhnlich aufwendig rekonstruierte Haus aus seinem Straßenzug hervor.

TRIPOLI
TRIPOLI
VINO
OLIO

LINKS: Das Bad gibt sich eindeutig modern und fügt sich dennoch so perfekt ein, als hätte es schon immer bestanden.

RECHTS BEIDE: Der Wohnraum mit Küche im 2. Obergeschoss. Noch bauzeitlich sind die Bodendielen, wunderbar passend die eigens gefertigten Möbel, die Anleihen in den 1950er-Jahren nehmen.

Ohnehin mussten viele Hölzer ausgetauscht werden. Anhand von Zapflöchern ließ sich das ursprüngliche Fensterraster im 1. und 2. Stockwerk nachvollziehen, und so entschieden sich Kremer und sein Architekt Stephan Dreier für eine Rekonstruktion des bauzeitlichen Zustands der Fassade vor diesen beiden Stockwerken. Sie verwendeten dazu Balken aus historischen Abbruchhäusern, strichen sie mit Leinölfarbe, mauerten die Gefache wieder mit Lehmsteinen aus und verputzten mit Kalk und Kalkfarbe. Eine Reihe kleiner bemalter Gefache wurde restauratorisch gesichert, zum künftigen Schutz vor Witterungseinflüssen abgenommen und am Haus rekonstruiert.

Besonders prägnant wirken die rekonstruierten Reihungen aus heutiger Sicht winziger Fenster, die Schreiner Kremer aus Eichenholz fertigte und bleiverglasen ließ. Nach innen bildete er sie als Kastenfenster aus, ein stilistisch stimmiger Tribut an heutige energetische Anforderungen.

Im Inneren hat man eine Dämmung aus 5 Zentimeter dicken Schilfrohrmatten angebracht und mit Lehm verputzt. Die im Stil von Kölner Decken, allerdings noch ohne deren markante Abrundungen der Balkenzwischenräume, ausgeführten verputzten Deckenuntersichten wurden restauriert, ebenso die teilweise noch vorhandenen ursprünglichen Fußbodendielen aus Eiche; man hat sie von Hand behutsam gereinigt. Im hinteren Teil des Hauses mussten neue Eichendielen verlegt werden. Aus Massivholz gefertigte Einbaumöbel wurden modern glattflächig gehalten, fügen sich jedoch in ihrer Maßstäblichkeit perfekt ein; sie wurden in Farben gefasst, die auch für Fenster oder Fußleisten gewählt wurden.

Im Erdgeschoss und unter dem zweigeschossigen Dach war von der barocken Fassung der Fassaden noch so viel erhalten, dass ihre vollständige Wiederherstellung sinnvoll erschien. Hier den bauzeitlichen Zustand rekonstruieren zu wollen, hätte mangels Befunden zu einer Fantasiegestaltung geführt. Bei den beiden mittleren Stockwerken war aufgrund des maroden Zustands ohnehin eine Rekonstruktion nötig. Dank der Befundlage gab es dabei die Chance, die bauzeitliche Fassung zu rekonstruieren. Häuser aus vorbarocker Zeit mit solchen originalen Fensterformaten gibt es heute kaum noch, da auch bei Rekonstruktionen meist barocke Fassadenfassungen bevorzugt werden – wegen ihrer deutlich größeren Fensterformate. Hier jedoch nutzte der Bauherr die seltene Gelegenheit, zumal die Reihungen kleiner Fenster den dahinterliegenden Ferienwohnungen besonderen Charme geben.

So veranschaulicht das Haus heute auf beeindruckende Weise, wie historische Fachwerkhäuser bis ins 16. Jahrhundert aussahen und welch enorme Bedeutung Fenster für den Charakter eines Gebäudes haben. Dem näher interessierten Betrachter muss allerdings bewusst sein, dass es das heutige Erscheinungsbild der vorderen Fassade vor dem Jahr 2014 so nie gab. Bei der Gebäuderückseite entschied sich auch Kremer dafür, den weitgehend erhaltenen barocken Zustand zu belassen.

Unter dem Dach entstand eine Maisonette-Wohnung, die als neu eingefügtes Element modern gehalten ist. Sie wird, wie auch das 2-Zimmer-Appartement darunter, als Ferienwohnung vermietet (www.ferienwohnung-limburg.com). Im Erdgeschoss befindet sich eine italienische Bar.

LINKS: Ähnlich wie im zweiten Obergeschoss fiel der Wohnraum ein Stockwerk tiefer aus. Die Innenwände stehen allerdings nicht genau übereinander.

LINKS UNTEN LINKS: Aus der Barockzeit stammt die schwungvolle Spindeltreppe.

LINKS UNTEN RECHTS: Im Treppenhaus blieb eine Wand aus der Bauzeit original erhalten.

RECHTS BEIDE: Das Ladenlokal im Erdgeschoss mit barocker Decke dient heute als Bar. Der Gewölbekeller darunter reicht bis unter die Straße. Er steht für Veranstaltungen zur Verfügung.

1 Ladenlokal
2 Eingang
3 Wohnküche
4 Bad
5 Schlafen
6 Küche
7 Wohnen
8 Galerie/Schlafen

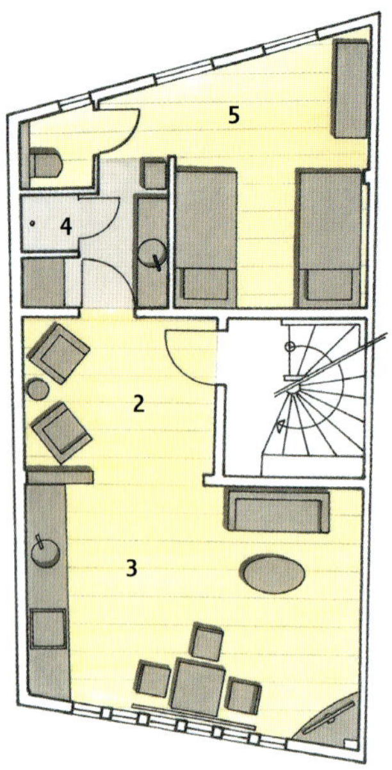

2. Obergeschoss

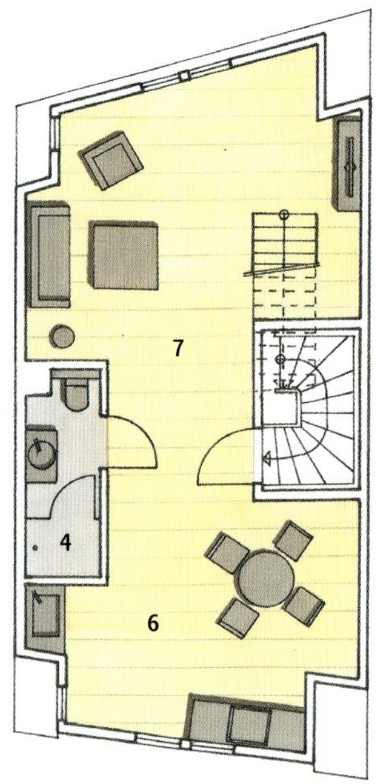

3. Obergeschoss

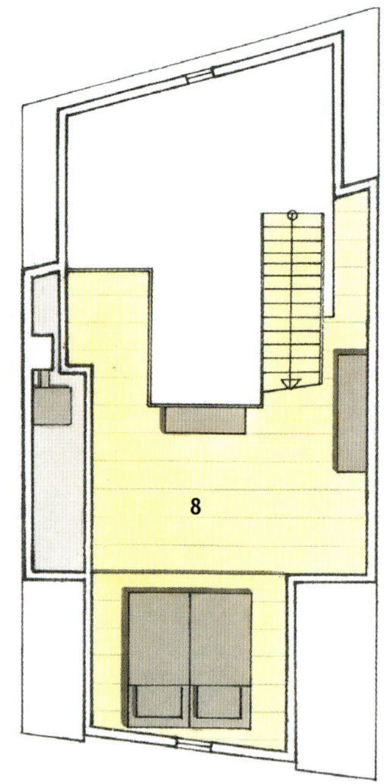

Dachgeschoss

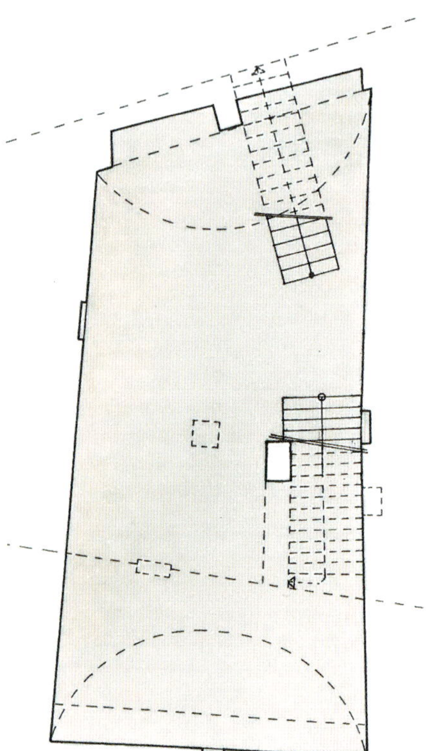

Kellergeschoss

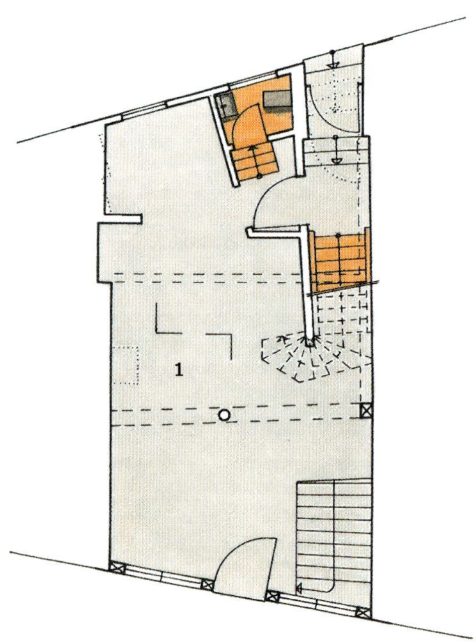

Erdgeschoss

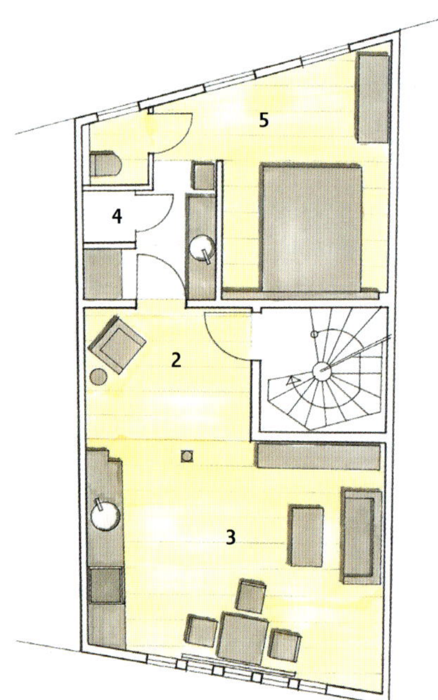

1. Obergeschoss

RECHTS BEIDE: Die Fenster wurden hier bewusst in bauzeitlich kleinen, aufgereihten Formaten rekonstruiert, nicht in barocker, größerer Fassung.

RECHTS: Ansicht der rekonstruierten Fassade mit barockem Zwerchhaus und Erdgeschoss sowie bauzeitlichen Zwischengeschossen.

GANZ RECHTS: Die Rückseite wurde in barocker Fassung belassen, wie vorgefunden.

Sanierung und Geschichte

ZEITTAFEL

1418 Erste urkundliche Erwähnung des Anwesens

1536 Bau des heutigen Hauses

1678/79 Barockisierung mit größeren Fenstern, Aufsatz der Zwerchgiebel und Neugestaltung der Erdgeschossfront mit zweitverwerteten geschnitzten Holzstützen

19. Jh. Abermalige Vergrößerung der Fenster, Verputz der Fachwerkfassaden

Seit Mitte 20. Jh. Leerstand der oberen Stockwerke

2011–2014 Rekonstruierende Restaurierung

WICHTIGSTE SANIERUNGSMASSNAHMEN

- Fachwerksanierung mit historischen Austauschbalken
- Rekonstruktion historischer Fenster
- Sensible Überarbeitung originaler bauzeitlicher und barocker Substanz (z.B. Fußböden, Treppe, Querwand)
- Einbau harmonisch eingefügter moderner Bäder und Einbaumöbel

OBEN UND RECHTS: Das damals unscheinbare Haus vor der Rekonstruktion

LINKS UND UNTEN: Obergeschoss und Ladenlokal vor der Rekonstruktion.

LINKS UND UNTEN: Eindrücke aus der Rekonstruktionsphase.

Spuren der Geschichte

TUCHMACHERHAUS IN MONSCHAU

Sanierungsplanung: Anke Nuxoll-Oster

HISTORISCHES

In Monschau in der Eifel entwickelte sich ab dem 17. Jahrhundert eine rege Tuchproduktion. Von der Mitte des 18. Jahrhunderts an galten der Ort als Tuchmacherstadt und Monschauer Tuch als Marke. In dieser Blütezeit entstand 1760 das hier vorgestellte Tuchmacherhaus in typischer, da zur Berufsausübung unabdingbarer Lage unmittelbar an der Rur, dem durch Monschau fließenden Fluss. Etwa 100 Jahre nach Erbauung des Hauses kam die Tuchindustrie zum Erliegen, die Stadt verlor ein Drittel ihrer Bevölkerung. Der sich über einem massiven Sockel markant erhebende zweigeschossige Fachwerkbau verlor seine gewerbliche Nutzung und wurde zum reinen Wohnhaus. Der Weichholzboden stammt aus dieser Zeit, wohl etwas später wurden neue Fenster eingesetzt, von denen die meisten heute noch vorhanden sind und weiterhin, einfach verglast, ihren Dienst tun.
In den 1970er-Jahren blieb auch Monschau – mitsamt dem Tuchmacherhaus – nicht von den üblichen Modernisierungsmaßnahmen verschont: das Fachwerk hat man innenseitig mit Gipskartonplatten bekleidet, die Decken abgehängt, im Erdgeschoss zum Fluss hin eine aufgeständerte Terrasse vorgesetzt und über ein Panoramafenster mit dem Innenraum verbunden. Bäder und, straßenseitig, neue, nicht unterteilte Fenster wurden eingebaut.

ARCHITEKTUR

Mit seinen langen Traufseiten zu Straße und Fluss grenzt das Haus mit seinen Giebeln unmittelbar an die beiden Nachbarhäuser. Durch die geringe Innentiefe von gut 4 Metern werden alle Räume sehr gut belichtet. Der heutige große Wohnraum mit offener Küche im Erdgeschoss verfügt über Fenster zu zwei Seiten. Vom Eingang, straßenseitig ganz rechts angeordnet, führt die Treppe ins Obergeschoss, wo sich die Schlafräume um einen zentralen Durchgangsraum gruppieren.
Markant sind die Kölner Decken – vollständig mit Putz überzogene Holzbalkendecken mit halbrund abschließenden Balkenzwischenräumen. Sie stammen möglicherweise aus der Zeit der Umnutzung zum Wohngebäude, erlebte diese Form der Deckengestaltung doch im Historismus eine Wiederentdeckung.

SANIERUNG

Die Modernisierungen der 1970er-Jahre erwiesen sich beinahe als Glücksfall. Zum einen war unter den Gipskartonbekleidungen die originale Bausubstanz noch weitgehend erhalten, zum anderen hatte man viele historische Elemente trotz Modernisierung belassen, etwa die Innentüren und die meisten Fenster.
Noch ungewöhnlicher: Das Fachwerk wies keinerlei Schäden auf, es gab somit keinen Bedarf, Hölzer auszutauschen. So konnte sich die Käuferin des Hauses, Anke Nuxoll-Oster, auf einen Rückbau der modernen Zutaten und eine Aufarbeitung der mindestens hundertjährigen Substanz von Wänden, Kölner Decken, Bodendielen oder Fenstern konzentrieren.
Auch am in Fachwerk ausgeführten Grundriss nahm sie keine Änderungen vor, lediglich eine Gipskartonwand vor der Küche musste weichen. So entstand ein großer, heller Wohnraum mit offener Küche. Ob der Raum bauzeitlich unterteilt war oder sich hier die Tuchmacherei befand, ist nicht bekannt. Die letztgenannte Variante dürfte wahrscheinlicher sein.

RECHTS OBEN: Idyllisch liegt Monschau in der Eifel.

RECHTS: Das ehemalige Tuchmacherhaus in seiner Häuserzeile am Fluss (rotes Fachwerk mit vorgesetzter Verande).

LINKS UND RECHTS OBEN: Die vorgesetzte Veranda passt stilistisch nicht zum Haus, bietet aber eine deutliche Aufwertung des Wohnraums.

RECHTS UNTEN: Fenster aus unterschiedlichen Epochen prägen das Fassadenbild flussseitig. Im Untergeschoss wurden einst Tiere gehalten.

Auf eine energetische Ertüchtigung der Außenwände und Fenster verzichtete Anke Nuxoll-Oster, so blieb das Fachwerk auch innen durchgängig sichtbar. Auch die Gefache aus Holzstaken und Lehmbewurf blieben an ihrem Platz. Lediglich am Giebel hinter dem Essplatz wurden sie entnommen, nachdem sie teils schon von selbst herausgefallen waren und sich dahinter noch eine in Bruchstein erstellte Brandwand zwischen den beiden aneinander grenzenden Fachwerkbauten fand. Im etwa 20 Zentimeter breiten Raum zwischen Fachwerk und Steinwand installierte die Bauherrin eine indirekte Beleuchtung. Aus konservatorischer Sicht kann man über diese Maßnahme diskutieren, sie verleiht dem Wohnraum und dem darüber liegenden Schlafzimmer jedoch ein ungewöhnliches, prägnantes Ambiente.

Spuren der neueren Geschichte des Hauses wurden in Form des Panoramafensters und der vorgesetzten Terrasse belassen. Wenngleich stilistisch nicht ganz passend, ergänzt diese durch ihre idyllische Lage den Wohnraum hervorragend und wertet ihn auf. Filigran gehalten, stört sie das Erscheinungsbild des Gebäudes nicht übermäßig. Es gab somit keinen triftigen Grund, diesen Teil der Geschichte des Hauses zu eliminieren.
Heute wird das Haus als Ferienhaus vermietet: www.bleibe.de.

UNTEN ALLE: Details aus dem Obergeschoss: der helle Treppenraum, ein kleiner Schlafraum mit originellem Stockbett, ein historisches Türschloss.

UNTEN: Dank Fenstern auf zwei Seiten gibt sich der Wohnraum mit offen eingestellter Küche zugleich lichtdurchflutet und wohnlich.

LINKS: Der Flur im Obergeschoss mit historischer Tür, die trotz 1970er-Jahre-Modernisierung die Zeit überdauerte.

LINKS UNTEN: Schlafen zwischen Fachwerkwänden und Kölner Decke.

1 Eingang
2 Zimmer
3 Bad
4 Wohnraum
5 Veranda

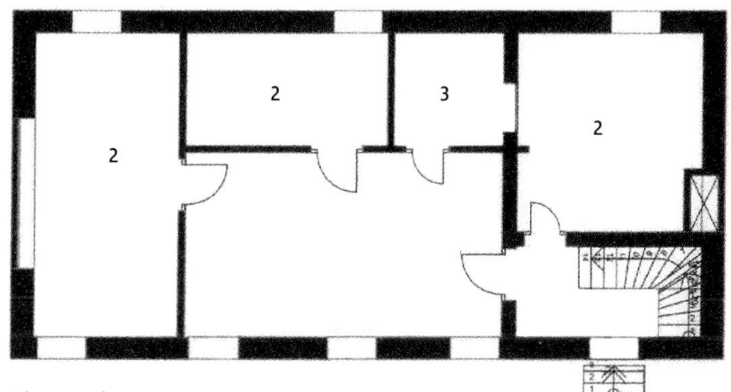

Obergeschoss

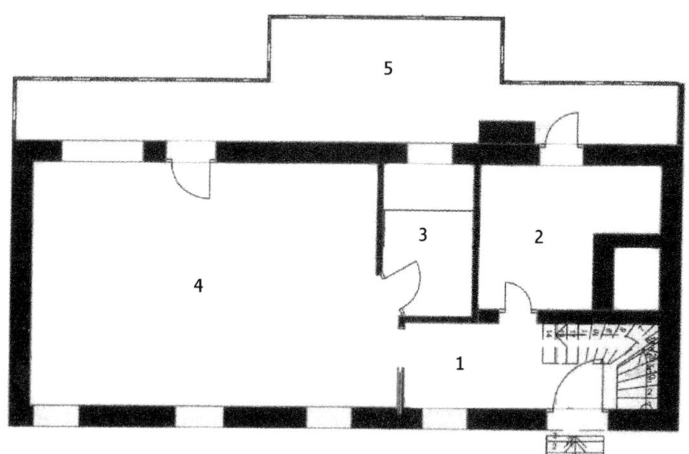

Erdgeschoss

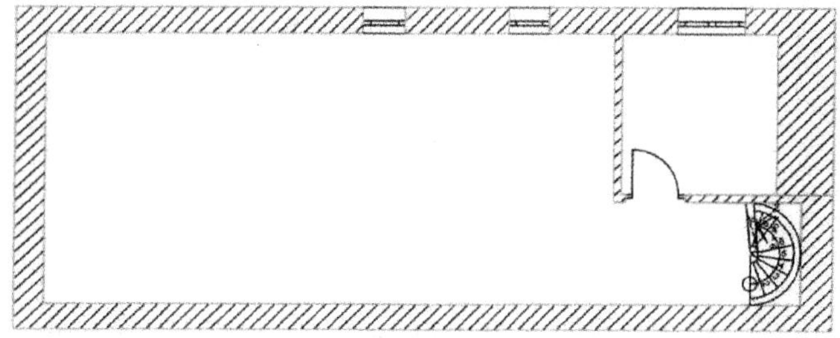

Kellergeschoss

Sanierung und Geschichte

ZEITTAFEL

1760 Bau als Tuchmacherhaus

Mitte 19. Jh. Umnutzung zum reinen Wohnhaus, neue Weichholzböden

Ende 19. Jh. Einbau neuer Fenster

1970er-Jahre Zeittypische Umbauten

WICHTIGSTE SANIERUNGSMASSNAHMEN

– Freilegen der historischen Substanz

– Überarbeitung historischer Fenster

– Belassen neuerer Änderungen (Panoramafenster, Veranda u.a.)

OBEN UND RECHTS: Die flussseitige Ansicht vor der Sanierung.

ALLE: Vor und während der Sanierung.

Mit Liebe fürs Detail

EHEMALIGES SIECHEN- UND ARMENHAUS IN GAILDORF

Sanierungsplanung: Büro für historische Bauforschung und Stadtsanierung Gerd Schäfer

HISTORISCHES

Unfassbare 470 Jahre diente das markante Gebäude den Bürgern des Städtchens Gaildorf im Nordosten Baden-Württembergs für soziale Zwecke: von 1534, dem Jahr seiner Errichtung als Siechenhaus oder »Lazareth«, bis zum Bau des ersten Gaildorfer Krankenhauses 1864. Anschließend wurde es von der Stadt noch bis 2004 als Armenhaus genutzt.

Zuletzt lebte hier ein einzelner Bewohner, der jedoch sämtliche Räume als restlos gefüllte Lager nutzte und so die ohnehin schon arg lädierte Statik des Hauses auf eine harte Probe stellte. Im Laufe der Jahrhunderte war der unzureichend gegründete südliche Gebäudeteil um rund einen halben Meter ins Erdreich gesunken und eine Seitenwand so weit nach außen ausgebaucht, dass die Standfestigkeit des Hauses ernsthaft infrage gestellt werden musste.

Der Ursprungsbau, finanziert durch Stiftungen und Schenkungen sowie Pfründner, die sich in das Lazarett einkauften, war noch hochwertig konstruiert: Die wichtigsten Balken des Fachwerks waren aus Eichenholz, das Haus verfügte über drei Bohlenstuben und eine »getäferte Stube«. Doch spätere Reparaturen und andere Maßnahmen erfolgten stets sehr pragmatisch; verwendet wurde, was gerade zur Hand war. So fanden sich vor der Restaurierung sehr unterschiedliche Fenster in den immer wieder unsachgemäß angepassten Wandöffnungen. Der 1833 anlässlich einer in Süddeutschland befürchteten Cholera-Epidemie innerhalb weniger Monate hochgezimmerte Anbau, heute wieder farblich abgesetzt, war nur noch aus Weichholz gefügt. In ihm sind zwei charmante Gästezimmer untergebracht, die an Touristen vermietet werden (www.zidau.de). Das Erdgeschoss des Anbaus nimmt heute eine Gaststube ein, die für kleinere Feiern vermietet wird. Sie ist mit dem geborgenen Inventar einer abgebrochenen Gaststätte ausgestattet.

ARCHITEKTUR

Bis zu seiner Erweiterung verfügte das Gebäude über einen im Ansatz symmetrischen Grundriss. Zu beiden Seiten eines mittig von der Ost- zur Westfassade durchlaufenden Gangs waren auf beiden Ebenen des Stockwerkbaus je drei Räume angeordnet: Zwei Wohnräume in der Südpartie flankierten einen schmaleren Raum, der als Küche fungierte. Lediglich im nördlichen Teil des Erdgeschosses dienten die drei Räume als Unterkunft für die Siechenmagd und als Lager.

Die Wohnräume im südlichen Gebäudeteil waren hochwertig ausgestattet: Die drei Bohlenstuben mit ihren außen weiß verputzten Massivholzwänden lassen sich heute wieder am Südgiebel ablesen; die Südwestecke des oberen Stockwerks nahm eine Stube mit Holzvertäfelung ein, als besonders vornehmer Raum.

Zusätzlich wurde 1833 im Zuge der Hauserweiterung auf der unteren Ebene des zweigeschossigen, steil aufragenden Dachs im Altbau eine Küche mit vier weiteren »Lazareth«-Räumen untergebracht.

Die Flure im älteren Gebäudeteil dienten bis zum Einbau eines gemauerten Kamins auch als Rauchabzug, denn Kaminzüge, die über das Dach führten, gab es bis zu diesem Zeitpunkt schlicht nicht. Die rußgeschwärzten Deckenbalken zeugen bis heute davon. Ebenso tief schwarz zeigten sich bis zur Restaurierung die oberen Bereiche der Wände.

RECHTS OBEN: Das markant zweigeteilte Fachwerkhaus stand einst in Alleinlage abseits des Ortes.

RECHTS: An den großen weißen Fassadenabschnitten lassen sich die Bohlenstuben außen ablesen.

Der Anbau, heute wieder in einer grauen Farbfassung des Fachwerks gehalten, war ursprünglich nur im Erdgeschoss mit dem »Altbau« verbunden. Deutlich kürzer als dieser, verfügte er nur auf einer Seite seines mittigen Gangs über drei kleine Wohnräume je Etage. Im Zuge der Umnutzung zum Armenhaus wurden diese Räume zu Wohnungen umgewandelt.

SANIERUNG

Die meist recht ungenügenden Instandsetzungen hatten das Haus zumindest vor allzu tiefgreifenden Substanzzerstörungen verschont, insbesondere auch in den Nachkriegsjahrzehnten des 20. Jahrhunderts. So fanden sich noch viele historische Details, manche davon allerdings nur für versierte Fachleute erkennbar. Auch deshalb war es ein denkmalpflegerischer Glücksfall, dass der Bauhistoriker Gerd Schäfer und seine Frau das Haus im Jahr 2004 erwarben. Das Grundstück war zu diesem Zeitpunkt so stark zugewachsen, dass vom Gebäude wenig zu sehen war – und leider wucherte das Grün nicht nur um das Haus herum, sondern hatte bereits zu Schäden an der Fassade geführt und war ins Innere gewachsen.
Schäfers entschieden sich für eine erhaltende und rekonstruierende Restaurierung. Erhaltbare und erhaltenswerte Bausubstanz aus diversen Jahrhunderten wurde behutsam instand gesetzt, unrettbar zerstörte und minderwertige, nicht authentische Zutaten neueren Datums jedoch wurden überwiegend durch eine Rekonstruktion des bauzeitlichen Zustandes ersetzt. Dies galt auch für die Fachwerkkonstruktion, die teilweise um einen halben Meter angehoben und im Sockelbereich freigelegt werden musste. Zerstörte Hölzer hat man hier gegen neue Eichenhölzer ausgetauscht und mit ölbasierten Farben gestrichen, die Gefache wieder mit der originalen Feldsteinausmauerung gefüllt und mit Kalk verputzt. Die Schlagregen ausgesetzten Nord- und Westfassaden zeigen sich heute wieder mit einer stilistisch passenden Holzbekleidung. An diesen den Wetterunbilden des Schwäbischen Waldes ausgesetzten Hausseiten hat man die Chance zur versteckten Modernisierung genutzt und zwischen Fachwerk und Verschalung eine Wärmedämmung aus Holzfaser angebracht.
Während im Übrigen auf eine Dämmung der Wände verzichtet wurde, mussten die Räume unter dem Dach gedämmt werden, um sie nach heutigen Maßstäben hochwertig nutzen zu können. Auch hier gingen die fachkundigen Bauherren besonders sensibel vor: Die zum großen Teil noch originalen Dachlatten haben sie ebenso belassen wie die Ziegel aus den Jahrhunderten bis zurück zur Bauzeit. Wo keine historischen Innenausbauten vorhanden waren, entstand mit Abstand zum historischen Dach eine Haus-im-Haus-Abkofferung auf der unteren Dachebene. Hier finden sich heute Bibliothek und Arbeitszimmer. Die zweite Dachebene blieb im Urzustand und dient Fledermäusen als Heimat.
Besondere Aufmerksamkeit wecken die nach Befund rekonstruierten bleiverglasten Fensterfronten vor den Bohlenstuben in der südöstlichen Gebäudeecke. Auf dem Dachboden fand sich ein Originalfenster, und im Obergeschoss war der passende, bauzeitliche Eichenholzrahmen in der später veränderten Wand verborgen, sodass sich deutliche Hinweise auf das ursprüngliche Erscheinungsbild ergaben. Auch waren hier noch die originalen Bohlenwände erhalten und ermöglichten, zusammen mit den ebenfalls noch erhaltenen Eckständern im Erdgeschoss, die Rekonstruktion der dortigen Bohlenwände – in heimischer Weißtanne, wie schon vor fünf Jahrhunderten.
Außer in den Bohlenstuben wurden die Fenster in Formaten, wie sie seit dem Barock Einzug in seinerzeit neue und alte Häuser hielten, denkmalgerecht erneuert. Im Anbau waren dies ja ohnehin die originalen Formate; dort sind bis heute zwei bauzeitliche Fenster zu bewundern.
Manch einen Betrachter mag verwundern, dass das so fachkundig restaurierte Haus neben original oder rekonstruiert bauzeitlichen Elementen auch offensichtlich heutige Zutaten aufweist, etwa viele Fußböden oder die Türen im Anbau. Hier folgten die Bauherren dem Gedanken, nicht Vorhandenes und nicht sinnvoll Rekonstruierbares lieber durch ersichtlich Neues zu ersetzen als durch Fantasierekonstruktionen. Unter den neuen Böden im Obergeschoss des Ursprungsbaus liegen noch die bauzeitlichen Dielen; sie waren zu ausgetreten, um sie weiter nutzen zu können, jedoch nicht zerstört.
Ebenfalls auf einem Befund sowie auf historischen Dokumenten beruht die Rekonstruktion der getäferten Stube, die heute als Essplatz dient. Schäfers fanden in diesem Raum ein Originalbrett der Holzvertäfelung mit aussagekräftigen Spuren und konnten es aufgrund ihrer umfangreichen Kenntnisse treffend zuordnen. Gleiches gilt für feine Details wie originale Abbundzeichen oder kleine, leicht angesengte Bohrlöcher im Fachwerk der Flure, die als Belege für die einstige Treppenhausbeleuchtung durch Kienspäne konserviert wurden.
Eine besonderes Juwel fand sich auf einer hinter Putz erhalten gebliebenen inneren Wand der Bohlenstube im Erdgeschoss: In seltener Prägetechnik wurde hier zwischen 1770 und 1780 eine Stadtansicht von Gaildorf in die Bohlenwand eingraviert.

OBEN: Eckdetail der Fassade.

OBEN: Der deutlich später entstandene rechte Erweiterungsbau wurde in minderer Materialqualität innerhalb weniger Monate hochgezimmert.

UNTEN: Die freigelegte Bohlenstube mit rekonstruierten Fenstern im Obergeschoss.

LINKE SEITE OBEN BEIDE: Wanddetails in Alt- und Anbau. Die kleine Tür ermöglicht die Reinigung des Kaminzuges.

LINKE SEITE UNTEN LINKS: Ein bauzeitliches Abbundzeichen im Querriegel und Glimmspanlöcher im Ständer.

LINKE SEITE UNTEN RECHTS: Eins von zwei erhaltenen bauzeitlichen Fenstern aus dem Anbau.

RECHTS: Im Erdgeschoss des Anbaus fand eine historische Gaststube Raum.

RECHTS UNTEN: Die rekonstruierte »Getäferte Stube« im Obergeschoss.

OBEN LINKS: In eine Blockbohlenwand im Erdgeschoss wurde einst eine Stadtansicht Gaildorfs graviert – ein bemerkenswertes und ungewöhnliches baugeschichtliches Zeugnis.

OBEN MITTE: Teilweise blieben bauzeitliche Dachsparren erhalten.

OBEN RECHTS: Die Treppe im Anbau wurde mit einem OSB-Überbau vor Verschleiß geschützt.

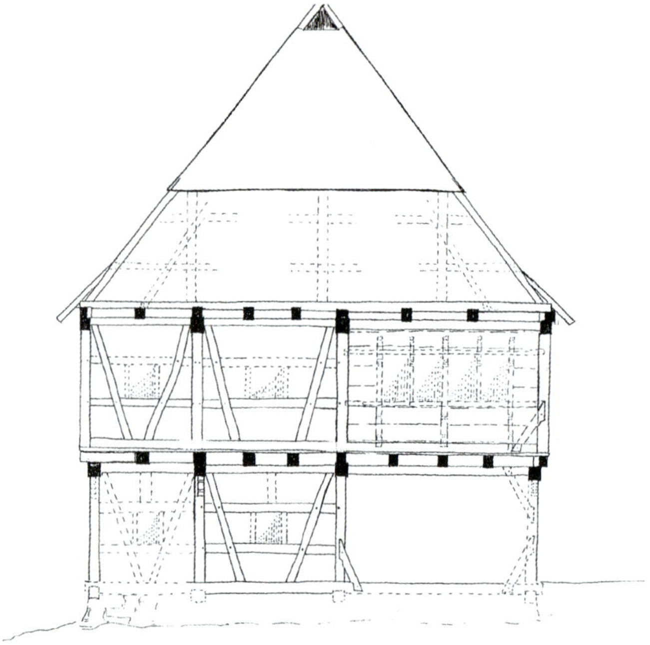

Schnitt

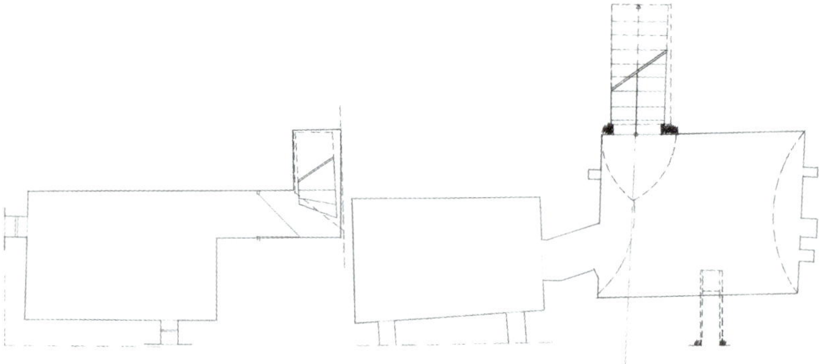

Kellergeschoss

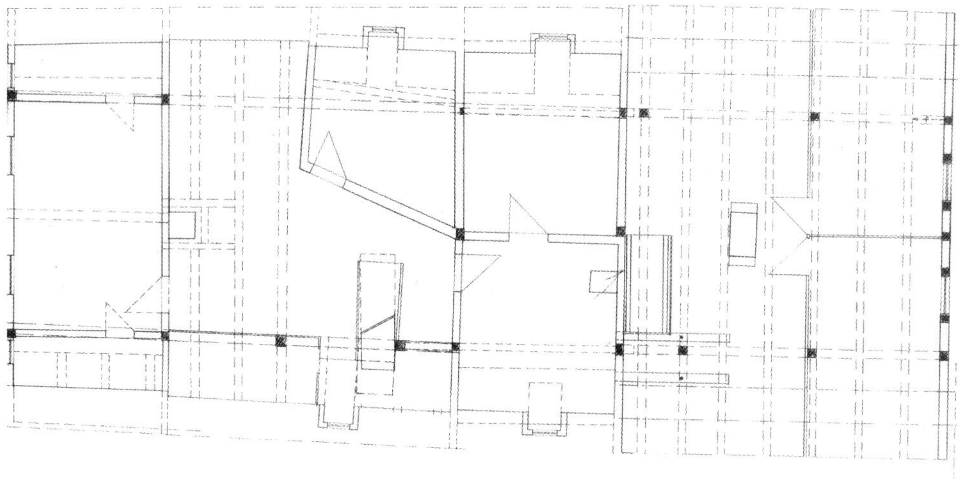

Dachgeschoss

1 Durchgang
2 Bohlenstube
3 Zimmer
4 Nebenraum
5 Küche
6 Getäferte Stube

Die Grundrisse geben den Stand vor der Sanierung wieder.

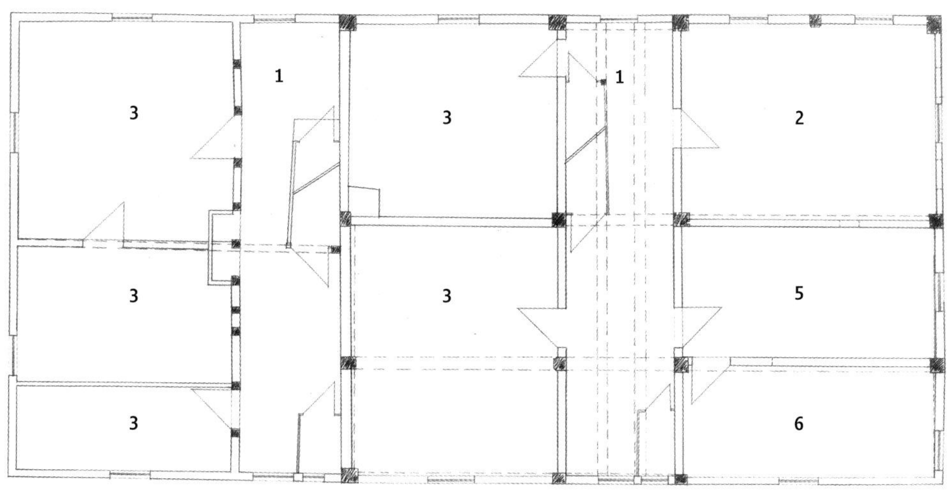

Obergeschoss

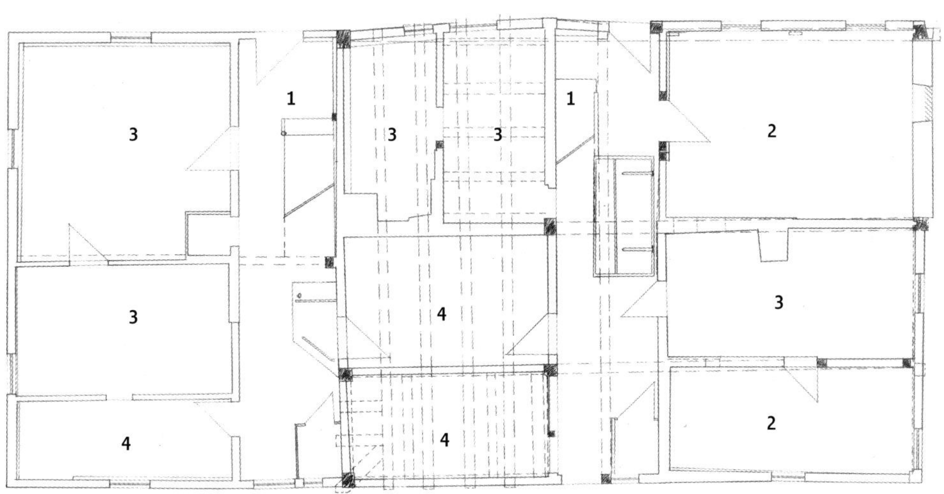

Erdgeschoss

Sanierung und Geschichte

ZEITTAFEL

1534 Errichtung des Ursprungsbaus als Siechenhaus

1833 Erweiterung mit einfachen Materialien und Ausbau des unteren Dachraums zu Lazarettzimmern

1865 Nach Errichtung des ersten Gaildorfer Krankenhauses Nutzung als Armenhaus

2004 Erwerb des Hauses durch die heutigen Eigentümer

2005–2012 Denkmalgerechte Restaurierung und Rekonstruktion

WICHTIGSTE SANIERUNGSMASSNAHMEN

- Instandsetzung des Fachwerks
- Sicherung erhaltbarer historischer Substanz
- Restaurierung der oberen Bohlenstube, Rekonstruktion der Bohlenstube darunter
- Rekonstruktion der bauzeitlichen Fensteranlagen mit Bleiverglasungen in den Bohlenstuben

LINKS UND OBEN: Anfang des 20. Jahrhunderts war das ehemalige Siechenhaus einsturzgefährdet.

OBEN UND RECHTS: Das Haus war vermüllt, Efeu wuchs durch die Fassade ins Innere.

LINKS UND UNTEN: Während der Sanierung.

Authentisch wohnen

KAUFMANNSHAUS IN NEUDENAU

Sanierungsplanung: Büro für historische Bauforschung und Stadtsanierung Gerd Schäfer

HISTORISCHES

Im Zuge einer Vergrößerung der Stadt Neudenau wurde das Kaufmannshaus bereits 1467 auf einem Eckgrundstück errichtet. Mit seinem markant steil aufragenden Dach, in sich verdreht durch die trapezförmige Grundfläche, prägt es seither das Stadtbild am Markt. Wasserschäden ließen vor mindestens 200 Jahren zudem die Nordseite deutlich absinken und sorgten somit für eine weitere Verformung. Kein gemauerter Bau hätte Derartiges so schadlos mitgemacht. Die durch die Traufstellung zum Nachbarhaus verursachten Fachwerkschäden wurden seinerzeit behoben und das Haus mit einer steinernen Unterfangung vor weiterer Schieflage bewahrt. Auch andere Veränderungen hat man bereits seit Ende des 17. Jahrhunderts vorgenommen: Die mittelalterlich kleinen Fenster wurden deutlich vergrößert, die Fassade verputzt; die ursprüngliche dritte Hauszone in Form der gesamten Westpartie des Hauses wurde abgetrennt, überformt und zu einer eigenständigen Anlage umgebaut. Um 1847 hat man das Erdgeschoss großteils erneuert und seine Fachwerkwände überwiegend durch gemauerte Wände ersetzt.

Ursprünglich diente das Anwesen wohl als Kaufmanns- oder Handwerkerhaus. Die Ladeluke des Lagerraums unterm dreigeschossigen Dach ist heute wieder im Giebel zu erkennen. Im 20. Jahrhundert zog für viele Jahrzehnte eine Metzgerei ein; dies machte in der nördlichen Haushälfte einen Deckendurchbruch zwischen Erdgeschoss und 1. Stockwerk erforderlich, um großes Schlachtvieh aufzuhängen.

Letztlich stand das Haus über zehn Jahre lang leer, bevor es ab 2006 saniert und zu einem Café umgenutzt wurde. Aus persönlichen Gründen musste die Fortführung der sorgsamen Wiederbelebung nach einigen Jahren in die Hände der heutigen Eigentümer gegeben werden.

ARCHITEKTUR

Die in den 1930er-Jahren wieder freigelegten Fachwerkfassaden zeichnen sich gegenüber ihren Nachbarhäusern gleicher Bauart durch eine Besonderheit aus: Die Aussteifung der Holzkonstruktion erfolgt hier lediglich durch Fußstreben. Die Wahl dieser am Mittelrhein seinerzeit verbreiteten Variante lässt sich wohl mit der damaligen Zugehörigkeit Neudenaus zum 160 Kilometer entfernten Mainz erklären. Der trapezförmige Grundriss unterteilt das Innere in Längsrichtung in drei Schiffe: Mittig erfolgt die Erschließung über einen Gang und übereinander verlaufende Treppen, zu beiden Seiten schließen ursprünglich je zwei später teils anders aufgeteilte Räume an.

Mit dem Deckendurchbruch entstand im Erdgeschoss ein zweigeschossiger Raum mit einer kleinen Galerie vor dem Fenstergiebel im 1. Stockwerk.

SANIERUNG

Die heutigen Eigentümer waren auf der Suche nach einer charaktervollen Immobilie als neues Familiendomizil. Ein »lebendiges« Haus sollte es sein, Fachwerk war vorstellbar, aber kein Muss. Der in vieler Hinsicht ungewöhnliche Bau in Neudenau faszinierte sie beim ersten Blick.

Unmittelbar nach dem Kauf erfolgte ein teilweiser Einzug. Anschließend begann die Fortschreibung der über 500-jährigen Geschichte des Hauses: Überwiegend in Eigenleistung setzten die Eigentümer die begonnene Sanierung und

RECHTS: Auch in der Fachwerkstadt Neudenau sticht das schmale, schiefe Haus mit seinem steil aufragenden Dach trotz grauer Fachwerkfassung markant hervor.

Restaurierung fort. Mit bemerkenswertem Elan arbeiteten sie sich in die Materie ein und entwickelten handwerkliches wie konservatorisches Verständnis für das geschichtsträchtige Haus. Anfängliche Fehler im Umgang mit den historischen Materialien, etwa maschinelles Abschleifen bauzeitlicher Dielen, wurden erkannt und die eigene Herangehensweise immer wieder hinterfragt und optimiert. Nach Rücksprache mit einem befreundeten Denkmalpfleger haben die Eigentümer angedachte Anpassungen des Grundrisses an die eigenen Wohnbedürfnisse zugunsten des Substanzerhalts wieder verworfen.

Intensiv befasste sich das Paar mit authentischen Materialien, befreite das lehmausgefachte Fachwerk auch von innen wieder von neuzeitlichen Bekleidungen, verputzte mit Lehm, strich mit Kalk und Leinöl und setzte intelligente Lösungen, etwa die außen vorgesetzten Winterfenster, um. Diese schon in früheren Jahrhunderten übliche Konstruktion erweitert die historischen Einscheibenfenster im Winter zu Kastenfenstern und ist ebenso kostengünstig wie substanzerhaltend; zudem werden die historischen Fenster vor der Witterung geschützt. Die vom Voreigentümer verlegte Sockelleistenheizung wurde übernommen.

Die Meinung vieler anderer Restauratoren historischer Häuser, solche Maßnahmen seien enorm kostspielig, können die Neudenauer Bauherren nicht teilen. Ihr Geheimnis: Sie akzeptieren viele Anachronismen des alten Fachwerkhauses und versuchen gar nicht erst, es in allen Punkten heutigen Standards anzupassen. So erhalten sie zugleich möglichst viel vom Charme des Gebäudes, das seine lebendige Geschichte selbst zeigt.

Aufwendigste Maßnahme war die Neueindeckung des Daches, in deren Rahmen der Dachstuhl von Zimmerer Tobias Engelhardt aus Rot am See in der nordwestlichen Ecke um einen halben Meter angehoben werden musste. Bei der derzeit noch laufenden Nutzbarmachung des großen, nunmehr wärmegedämmten Dachraums kommt wieder die sympathische Einstellung des Paares zum Ausdruck: Es verzichtet auf Beheizbarkeit des zukünftigen Multifunktionsraums und akzeptiert, dass der Raum einige Wochen im Jahr nicht bewohnt werden kann.

LINKS: Der Wohnraum im Obergeschoss öffnet sich über ein Fenster zur Galerie.

RECHTS BEIDE: Der Deckendurchbruch über dem Erdgeschoss entstand im frühen 20. Jahrhundert, als hier eine Metzgerei ansässig wurde.

RECHTS: Von der Seite ist die Verdrehung des Daches gut zu erkennen.

RECHTS UNTEN: Detail der Fassade.

GANZ LINKS: Fragmente historischer Wandmalereien im 2. Obergeschoss – nicht das Foto ist schief, sondern das Haus!

LINKS MITTE: Knotenpunkt des Dachstuhls mit ausgewechselter Strebe.

LINKS: Die Treppe ist im Vergleich zum Haus fast noch neu.

LINKS UNTEN: Blick von der Küche zum Essplatz im Erdgeschoss. Auch hier gibt die gerade stehende Kamera die Unebenheiten der Wände wieder.

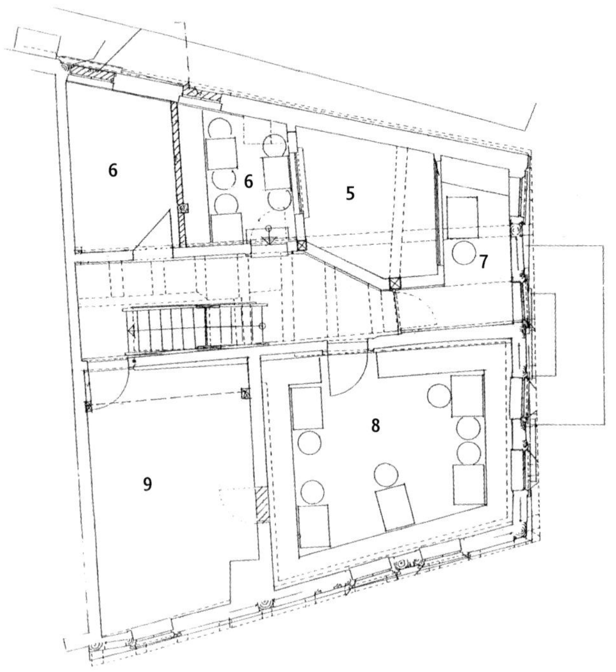

1. Obergeschoss

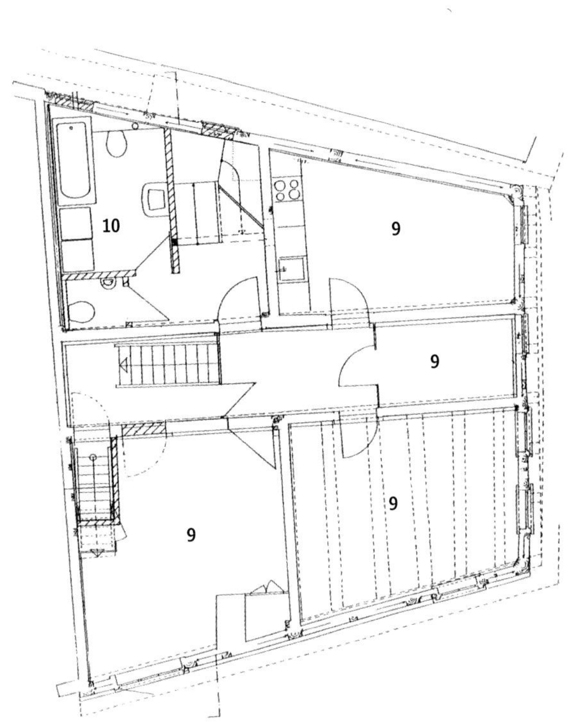

2. Obergeschoss

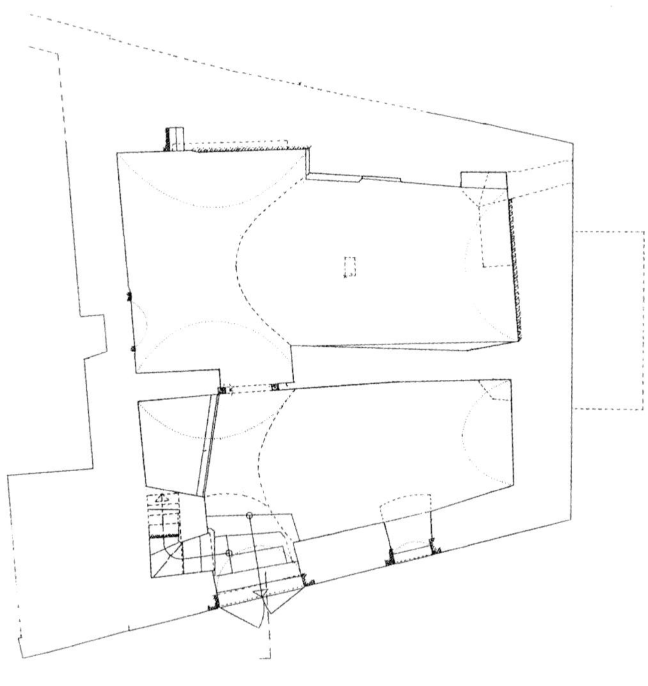

Kellergeschoss

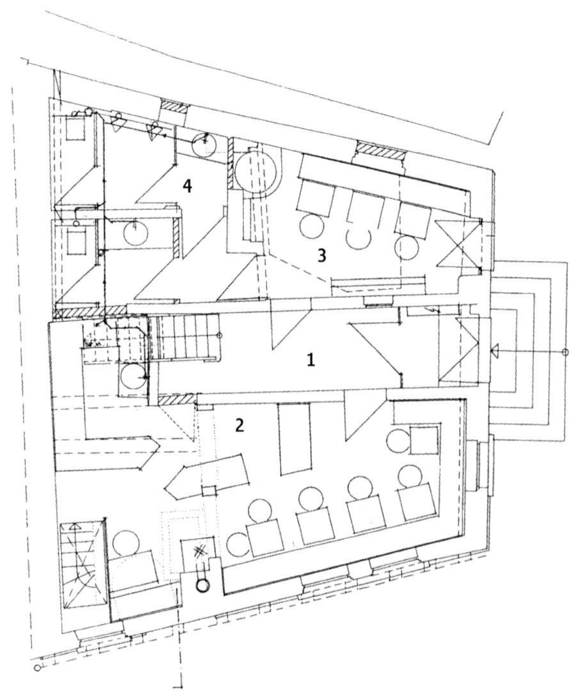

Erdgeschoss

1 Eingang
2 Wohnküche (früher Gaststube)
3 Arbeiten (früher Gaststube)
4 Toiletten
5 Luftraum
6 heutiger Wohnraum
7 Galerie
8 Zimmer (früher Gaststube)
9 Zimmer
10 Bad

Die Grundrisse zeigen die Möblierung aus der Zeit der Nutzung als Café.

Ansicht Giebelseite

Ansicht Traufseite

Sanierung und Geschichte

ZEITTAFEL

1467 erbaut

Ende 16. Jh. graue Farbfassung des Fachwerks

Ende 17.–Ende 18. Jh. Einbau der heutigen Fenster

um 1800 Teilerneuerung nach Absacken der Nordseite

19. Jh. Abtrennung und Überformung des hinteren Teils des Hauses

1847 Teilerneuerung der Erdgeschossaußenwände

WICHTIGSTE SANIERUNGSMASSNAHMEN

– Freilegung und Restaurierung der Gefache mit Lehmputz und Kalkfarbe

– Freilegung und Restaurierung der Fußböden

– Vorsatz von Winterfenstern

– Neueindeckung des Daches, einseitiges Anheben des Dachstuhls

ALLE: Vor der Neufassung nach Befund gab sich die Fassade mit braunrotem Fachwerk.

Geht nicht gibt's nicht

GUTSHAUS BELOW

Sanierungsplanung: Dr. Wolfram und Sylke Klemm

HISTORISCHES

Das Gutshaus Below, gelegen zwischen Ostprignitz und Mecklenburger Seenplatte, ist ein interessantes Beispiel dafür, wie die Bauforschung an ihre Grenzen stoßen kann: Laut Aktenlage wurde das relativ schlichte Herrenhaus 1680 erbaut und 1740 um zwei Fensterachsen erweitert. Die dendrochronologische Untersuchung hingegen ergab 1740 als Baujahr und 1815 als Jahr der Erweiterung. Ausführung und Gestaltung des Hauses sprechen für diese Untersuchungsergebnisse, was auf einen Vorgängerbau von 1680 hinweisen könnte. Dendrochronologische Untersuchungen bergen prinzipiell allerdings auch immer das Risiko, später ausgetauschte oder ältere, wiederverwendete Hölzer zu beproben.

Wann auch immer das Haus tatsächlich entstanden ist – es hat eine bewegte Geschichte, gemeinsam mit dem nahen Ort Grabow, der zeitweise einschließlich des Kirchenpatronats zum Gutsbesitz gehörte. Ursprünglich vermutlich schon von den Wenden besiedelt, wird die Gegend 1344 erstmals urkundlich erwähnt. 1680 soll ein Gutshaus in Below, 1720 eine Glashütte entstanden sein. Ein besonders wohlhabendes Gut scheint Below nie gewesen zu sein, der im 19. Jahrhundert oft übliche Um- oder Neubau eines schlossartigen, prunkvolleren Gutshauses findet hier nicht statt. Immerhin werden ein kleiner Festsaal und ein eigenes Gesindehaus angebaut.

Ab der Mitte des 19. Jahrhunderts gibt es mehrere Besitzerwechsel, bis das Gut 1946 enteignet wird, wie jeglicher Großgrundbesitz über 100 Hektar im Zuge der euphemistisch Bodenreform genannten Maßnahme in der Sowjetischen Besatzungszone seinen Eigentümern entschädigungslos genommen wird.

Bemerkenswert ist, dass in Below relativ viel Originalsubstanz die DDR-Zeit überdauert hat. Nicht nur die Innentüren und Böden, sogar historische Möbel, die schon vor 1946 hier standen, finden sich bis heute im Gebäude – eine absolute Seltenheit, wurden die ostdeutschen Gutshäuser doch meist komplett geplündert und im Inneren überformt. 1991 geht das Haus wieder in Privatbesitz über und wird vor dem Verfall bewahrt. Zwei Jahrzehnte später erwerben es die heutigen Eigentümer, Dr. Wolfram und Sylke Klemm. Bereits nach der ersten Besichtigung sind sie sich über die künftige Nutzung der Räume und über ihre prinzipiellen Sanierungsvorstellungen im Klaren. Heute leben sie selbst in Gutshaus Below, vermieten sorgsam eingerichtete Ferienwohnungen und betreiben eine Naturheilpraxis sowie eine Espressobar (www.gutshausbelow.de).

ARCHITEKTUR

Das Haus ist die Konstante eines Hofensembles, das sich im Lauf der Jahrhunderte immer wieder gewandelt hat. Zur Landwirtschaft kam die Glashütte hinzu und wurde wieder aufgegeben, Festsaal und Gesindehaus wurden angebaut, die landwirtschaftlichen Nebengebäude erfuhren Veränderungen, die sich aus geänderten Anforderungen ergaben. Vor Kopf der Anlage stand stets das Gutshaus als schlichter Walmdachbaukörper. Dieser war ursprünglich weitgehend symmetrisch fünfachsig mit mittiger Eingangstür, später kamen zwei Fensterachsen hinzu. Dem flüchtigen Betrach-

RECHTS OBEN: Blick durch den ehemaligen Gutspark zum Herrenhaus.

RECHTS: An der Rückfassade lassen sich der zweiachsige Anbau und der folgende, niedrigere Festsaal gut ablesen.

RECHTS OBEN: Die dezent gegliederte Eingangsseite mit einst mittiger Haustür.

RECHTS UNTEN: Die Möbel im heutigen Gästezimmer überdauerten Enteignung und Fremdnutzungen zur Zeit der DDR.

ter fallen sie nicht auf, denn der Anbau wurde als stilistisch angepasste, fluchtende Erweiterung der originären Kubatur ausgeführt. Auch das Dach hat man einfach verlängert, die alten Sparren der Walme wiederverwendet.

Sichtfachwerkfassaden finden sich an Herrenhäusern nicht oft, spätestens im 19. Jahrhundert galten sie meist als nicht mehr edel genug und wurden verputzt oder das ganze Haus durch einen aufwendigeren Neubau ersetzt. Wie es im norddeutschen Raum üblich ist, hat man die Gefache mit Ziegeln ausgeführt und die für die Bauzeit großformatigen Fenster außen oberflächenbündig eingefügt. Gesimse oberhalb des Feldsteinsockels und zwischen den Geschossen gliedern als einfache Ornamente die Fassaden und betonen die Horizontale.

Die Raumaufteilung im Inneren folgt dem Muster vieler Gutshäuser, doch auch dies in eher schlichter Form: Der zentrale Flur mit hölzerner Treppe ist rein funktional, noch keine repräsentative Halle. Um ihn herum liegen die Wohn- und Funktionsräume. Eine ähnliche Aufteilung findet sich im Obergeschoss. Während das Erdgeschoss heute den Eigentümern als Wohnung und Praxis dient, liegen im Obergeschoss die Ferienwohnungen und ein Gästezimmer.

SANIERUNG

Das übergeordnete Ziel der neuen Eigentümer war eine historisch authentische, denkmalgerechte und ästhetisch anspruchsvolle Sanierung. Moderne Wohnstandards sollten zwar gewährleistet sein, Wärmedämmung, Heizungsanlage, Sanitärinstallationen, Elektrik und IT-Anlage sich jedoch dem Charakter des Hauses unterordnen. Was an historischem Material erhalten werden konnte, sollte restauriert werden, Fehlendes behutsam mit historischen oder traditionellen, hochwertigen Materialien ergänzt werden.

Die Fachwerksanierung ließ sich auf den Austausch mehrerer Balken des Eichenfachwerks beschränken. Die Ausfachungen mit kleinformatigen Ziegeln wurden dabei sorgfältig herausgenommen, geborgen und schließlich wieder eingebaut. Das Sockelgesims und das parkseitige Mauerwerksgesims hat man jedoch mit neuen Handstrichziegeln rekonstruiert. Die Gesimsbohle zwischen den Geschossen erhielt eine Bleischürze, die vor dem Eindringen von Wasser schützt.

Eine Innendämmung der Außenwände mit Holzweichfaserplatten und Lehmbaustoffen sorgt für eine bauphysikalisch unproblematische energetische Verbesserung. Oberhalb der Deckenbalkenlage wurde zudem in einen eigens geschaffenen Hohlraum Zelluloseflockendämmung eingeblasen. Alle Innenwände und -decken wurden mit Lehm- oder Kalkputz versehen. Das Farbkonzept der Bauherren hat eine eigens geschulte Malerfirma mit Kalkfarben in historischen Techniken umgesetzt.

Den Dachstuhl ertüchtigen heute zwei neue Hängewerke über der Hauserweiterung, die Biberschwanzdeckung stammt vom Voreigentümer. Innentüren aus fünf Epochen wurden sachgerecht restauriert, die historischen Dielenböden ausgebessert und ergänzt. Gusseiserne Radiatoren, Replikate von Heizkörpern aus der Zeit um 1900, ersetzten die beim Kauf des Hauses vorhandenen Nachtspeicheröfen.

Auch in Below war die Gestaltung der Fenster ein Thema von großer Bedeutung, eifrig diskutiert zwischen Denkmalbehörde, Restaurator, Ingenieuren, Tischler und Bauherren. Letztlich entschied man sich für barockisierte Kastenfenster aus Eichenholz, gestrichen mit Leinöl, und Restaurierungsglas. Das Erscheinungsbild dieser Fenster kommt dem der historischen Vorbilder sehr nahe. Zwei originale Fenster und Fensterstöcke im Obergeschoß konnten erhalten und aufgearbeitet werden, an einem wurde auch die alte rote Farbe belassen. Die Hauseingangstür hat man anhand eines historischen Fotos nachempfunden und mit einer historischen Drückergarnitur versehen, modernisiert durch ein Zylinderschloss.

Große Sorgfalt ließen die Bauherren schon bei der Auswahl der Handwerker walten. Bemerkungen wie »geht nicht« oder »diesen Boden kann man wirklich nicht mehr erhalten« waren nahezu Ausschlusskriterien; Äußerungen der Freude, etwa über erhaltene barocke Fensterhaken, erhöhten die Chancen der Firmen anfänglich ungemein.

OBEN: Der rekonstruierte Festsaal.

LINKS OBEN: Das Bad einer der beiden Ferienwohnungen mit authentischen und historisierenden Details. Im Hintergrund die auf der nächsten Seite zu sehende Küche.

LINKS: Die zweite Ferienwohnung mit Küche, Essplatz, Wohn- und Schlafbereich. Das Fachwerk wurde hier zum Raumteiler aufgelöst.

UNTEN BEIDE: Schlafraum und Küche einer Ferienwohnung.

RECHTS BEIDE: Einer der Wohnräume der Eigentümerfamilie mit restaurierten und rekonstruierten Details, historischen und neuzeitlichen Möbeln.

LINKS BEIDE: Flur und Treppe haben Flair, jedoch nicht den Prunk vieler größerer Gutshäuser.

OBEN: Der Eingangsbereich mit Tür zum ehemaligen Salon, der heutigen Naturheilpraxis der Eigentümerin. Daneben als Tapetentür der Zugang zur Toilette.

OBEN RECHTS: Eines der rekonstruierten Barockfenster von innen.

Die aktuellen Fotos des Hauses wurden freundlicherweise zur Verfügung gestellt von Alexander Rudolph, der Gutshaus Below unter anderen Gesichtspunkten in seinem Buch *Von Gutsbesitzern und Schlossgeschichten* vorstellt.

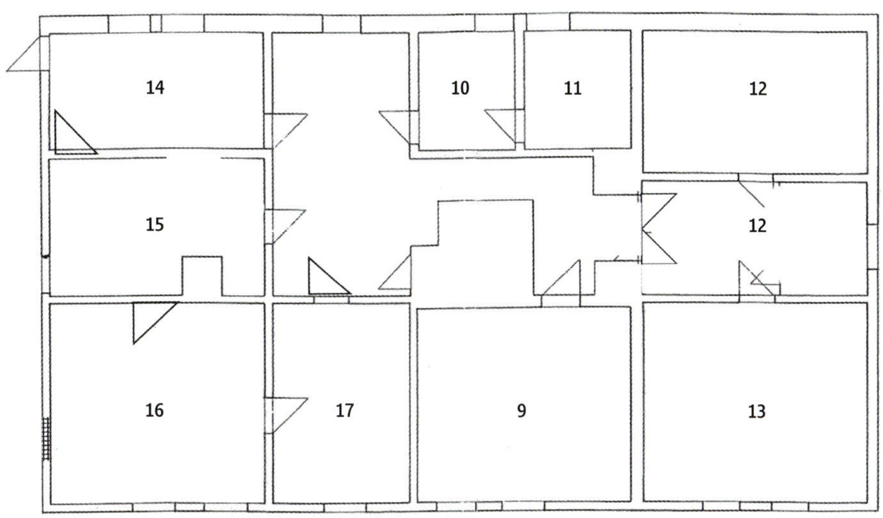

Obergeschoss

1 Eingang/Wartezimmer
2 Praxis
3 Gutsküche
4 Essen
5 Gutsbad
6 Schlafen
7 Salon
8 Bibliothek
9 Gästezimmer
10 Bad Wohnung 2
11 Küche Wohnung 2
12 Wohnen Wohnung 2
13 Schlafen Wohnung 2
14 Bad Wohnung 3
15 Küche Wohnung 3
16 Wohnen Wohnung 3
13 Schlafen Wohnung 3

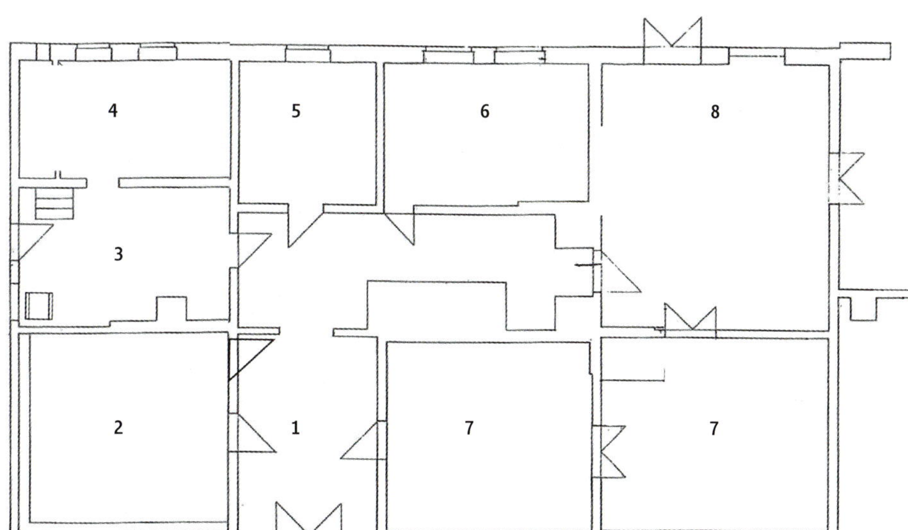

Erdgeschoss

Sanierung und Geschichte

ZEITTAFEL

1344 Erste urkundliche Erwähnung des Ortes

1695 Below wird Allodialgut

1680 oder 1741 Bau des heutigen Gutshauses

1740 oder 1815 Erweiterung um zwei Fensterachsen

Mitte 19. Jh. Anbau Festsaal und Gesindehaus

1946 Enteignung des Gutes, in Folge Nutzung des Gutshauses für Flüchtlinge, als Laden, Schule und Arztpraxis

1991 Reprivatisierung

2011 Erwerb durch die heutigen Eigentümer

WICHTIGSTE SANIERUNGSMASSNAHMEN

- Reparatur des Fachwerks: Austausch geschädigter Hölzer, Wiederverwendung der Gefachziegel
- Erneuerung der Gesimse mit Handstrichziegeln
- Innendämmung mit Holzweichfaserplatten und Lehmbaustoffen
- Instandsetzen der historischen Fenster, Neuanfertigung von Fenstern nach historischem Vorbild
- Instandsetzen historischer Innentüren diverser Epochen und anderer Oberflächenmaterialien, z. B. Dielenböden
- Innenausbau mit authentischen Materialien

OBEN: Historische Aufnahme der Eingangsseite.

UNTEN: Dieselbe Ansicht gut 100 Jahre später, vor der Sanierung.

OBEN BEIDE: Innenräume mit typischen Farbfassungen aus DDR-Zeiten.

UNTEN ALLE: Impressionen aus der Sanierungszeit.

Fachwerkhäuser – ganz besondere Denk-Mäler

NACHWORT DER DEUTSCHEN STIFTUNG DENKMALSCHUTZ

Fast die Hälfte der Bundesbürger würde gern in einem denkmalgeschützten Haus leben, immerhin 62 Prozent davon sogar dann, wenn der Erwerb eines solchen Gebäudes teurer wäre. Eine besondere Wertschätzung erfuhren bei dieser Umfrage des Instituts für Demoskopie Allensbach von 2017 die Fachwerkbauten: für 28 Prozent der Befragten sind dies die liebsten Denkmalbauten.

Freilich steht längst nicht jedes Fachwerkhaus unter Denkmalschutz und der Bestand wird trotz hoher Wertschätzung in der Bevölkerung nach und nach geringer. Dennoch: Fachwerkbauten bestimmen bis heute einen Großteil unserer Kulturlandschaften, denn die notwendigen Materialien waren fast durchweg verfügbar: Holz für die Konstruktion und – je nach landschaftlichem Vorkommen – Backstein, Klinker, Bruchstein, Staken oder Lehm für die Gefache, teils auf massiven Sockelgeschossen. Aufgrund ihrer flexiblen Skelettbauweise sind Fachwerkbauten bis heute vielfältig nutzbar: als Wohnbauten, Bauerngehöfte, Scheunen und Torkel, Mühlen, Wohnkaten und Kirchen bis hin zu Rathäusern und Schlössern. Vielleicht aufgrund dieser Anpassungsmöglichkeiten sind sie bis heute so beliebt. Auch die Deutsche Stiftung Denkmalschutz kann diese Begeisterung für Fachwerkbauten in ihrer Beratungs- und Fördertätigkeit feststellen.

Mit ihren unterschiedlichen Ausgestaltungen und Schmuckformen sind Fachwerkbauten Zeugnisse verschiedener Regionen und Epochen. Ihre Beliebtheit war nicht immer von Vorteil für die Gebäude; gerade von der Nachkriegszeit bis heute werden mit ungeeigneten, vorgeblich modernen Materialien immer wieder große Schäden angerichtet: diffusionsdichte Anstrichsysteme, Isolierschaum, Freilegung von ursprünglich durch Putz oder Verkleidung geschützten Fachwerkfassaden, Einbau absolut dichter Kunststofffenster, die Freilegung und Entfernung von Teilen des Fachwerkgefüges, Einbau ungeeigneter Dämmstoffe und Ausfachungen.

Wer sich für ein Fachwerkgebäude entscheidet, weiß, dass er es nicht mit einem Bau vom Reißbrett zu tun hat, sondern dass unebene Oberflächen, schiefe Wände und Böden, krumme Winkel und vom Fachwerk bestimmte Raumgrößen die Wohnmöglichkeiten vorgeben. Ein Fachwerkeigentümer entscheidet für den besonderen Charme seines historischen Gebäudes und damit für ein besonderes Stück Lebensqualität. Für viele Eigentümer spielen heute die ökologischen Materialien der Bauweise – vom Lehm über Kalkputze bis zur Leinölfarbe – eine große Rolle. Die Einbaumöglichkeiten von moderner Technik wie Wandtemperierungsanlagen, Sockelleistenheizungen und Blockheizkraftwerken ergänzen für viele diese Überlegungen zum ökologischen Bauen.

Der Denkmalwert eines Baus besteht nicht nur aus der Gestaltung von Auf- und Grundriss, sondern auch aus der Materialität bis hin zu der der Oberflächen, die die Atmosphäre und Behaglichkeit bestimmen. Wer diese Qualitäten zu schätzen weiß, wird eine schonende und konservierende Instandsetzung bevorzugen statt einer modernisierenden Rundumsanierung, nach der von den Denkmalqualitäten nicht mehr viel übrigbleibt. Wer im Denkmal wohnen will, sucht schließlich die Patina und nicht die Industrienorm, auch wenn er modernen Wohnkomfort anstrebt.

Dass sich dieser Wunsch nach zeitgemäßem Komfort und der Denkmalschutz nicht ausschließen, zeigen die Beispiele in diesem Buch. Sie alle weisen eine hohe Qualität in der Planung und Ausführung auf. Vor jedem Eingriff in einen Fachwerkbau gilt es, eine gründliche Bestandsaufnahme vorzunehmen. Die Erforschung des Baubestandes, seiner Geschichte mit allen Veränderungen und seiner Konstruktion ermöglicht erst eine sinnvolle Planung mit angemessenen Maßnahmen und fundierter Finanzierung – möglichst ohne übermäßigen Ausbau des Dachs, dafür unter Einbeziehung von Nebenbauten. Abhängig von Alter, Umfang und Bedeutung eines Objekts können restauratorische,

1 PLÄNITZ: Die Dorfkirche im brandenburgischen Plänitz folgt mit den Schmuckelementen ihrer Fachwerkarchitektur der barocken Architektur vom Beginn des 18. Jahrhunderts.

2 ESSLINGEN, ALTES RATHAUS: Während die Südseite des Alten Esslinger Rathauses mit Schmuckfachwerk besticht, ist die Nordseite des prächtigen Fachwerkbaus aus dem 15. Jahrhundert verputzt.

3 MONREAL: Das sogenannte Viergiebelhaus war das Rathaus des Fachwerkstädtchens Monreal in der Eifel und ist heute Dorfgemeinschaftshaus.

4 QUEDLINBURG: Eines von rund 1.300 Fachwerkhäusern in der UNESCO-Welterbestadt Quedlinburg hat eine neue Nutzung als Haus der Jugendbauhütte Quedlinburg der Deutschen Stiftung Denkmalschutz bekommen: die Pölle 5.

bauhistorische, teilweise sogar archäologische, bauphysikalische und bauchemische Untersuchungen wichtig sein, die sich mit möglichst zerstörungsfreien Methoden durchführen lassen. Nicht immer muss man alle Instrumente anwenden, doch je mehr Kenntnisse der Bauherr von seinem Objekt hat, desto weniger kann ihn überraschen und desto mehr Geschichte wird greifbar. Auch alte Bauakten in städtischen Archiven sind oft aufschlussreiche Quellen.

Das frühzeitige Gespräch und die Beratung durch die Unteren Denkmalschutzbehörden verhindern Komplikationen. Die Erfahrung und Beratung der Denkmalpfleger sind ebenso wichtig wie die Genehmigungen, die sie erteilen. In offenen Gespräche lassen sich oft kreative und ungewöhnliche Lösungen finden und nicht zuletzt können sie helfen, sich der eigenen Vorstellungen sicher zu werden. Wer heute in einem Denkmal wohnt, der muss dies eben nicht unter den gleichen Bedingungen wie vor zwei Jahrhunderten tun, wie oft in der Öffentlichkeit dargestellt. Moderne Bäder, behagliche Beheizung, sparsamer Energieverbrauch und moderne Technik sind sehr wohl nicht nur genehmigungsfähig, sondern auch mit substanzschonenden Eingriffen zu verwirklichen. Versierte Handwerker wissen ebenso wie in der Sanierung von Fachwerkbauten erfahrene Architekten um die Verträglichkeit der Baumaterialien und -methoden am Altbau, von den Fundamentierungen über Fugenmörtel bis hin zur Dachinstandsetzung und Deckung.

Erst wenn die notwendigen Genehmigungen vorliegen, sollten detaillierte Ausschreibungen erfolgen. Ihren »Preis werte« Handwerker erzielen dabei bessere und nachhaltigere Ergebnisse als die billigsten Anbieter. Gerade im Fachwerkbau sind Betriebe wichtig, die mit den historischen Techniken und Materialien vertraut sind. Das Qualitätssiegel »Restaurator im Handwerk« ist ebenso eine hilfreiche Orientierung wie die Datenbank des Fraunhofer Instituts. Dabei geht es um die klassischen Gewerke Maurer, Tischler, Maler, Stuckateure und Zimmerleute. Mindestens genauso wichtig sind die Haustechnikgewerke. Alle diese Berufsgruppen können innovative und kluge Lösungen für die notwendigen modernen Einbauten finden, bei einem Mangel an Einfühlungsvermögen jedoch auch viel kaputt machen. Doch auch sich mit anderen Fachwerkhausbesitzern auszutauschen, etwa bei einem Besuch am Tag des offenen Denkmals, und von deren Erfahrungen zu profitieren, ist hilfreich.

Versierte Architekten und die Denkmalbehörden helfen auch bei der Erschließung von Fördermittelquellen, denn Denkmaleigentümer stehen mit der Finanzierung nicht allein da. Je nach Standort und Region des Gebäudes kommen unterschiedliche Förderprogramme und -möglichkeiten von Bund, Land, Landkreis, Kommune oder Stiftungen infrage. Die Möglichkeiten der steuerlichen Absetzung für Abnutzung (AfA) (Einkommensteuergesetz § 7i, 7h, 33) und nach dem Vermögenssteuergesetz (§ 115, 118) bedeuten bundesweit gleiche Entlastungen, die ein Denkmaleigentümer in Anspruch nehmen kann. Wer selbst im Denkmal wohnt, kann zehn Jahre lang je 9 Prozent der Kosten zur Erhaltung des Gebäudes in der Steuererklärung geltend machen. Unter bestimmten Bedingungen gibt es eine Befreiung von der Grundsteuer. Von der Erreichung der gesetzlich vorgeschriebenen Energieeinsparwerte, die für Neubauten gelten, sind Denkmale ausgenommen. Es gibt gute alternative Lösungen, um sich dem Ziel des Energiesparens denkmal- und gesundheitsverträglich zu nähern. Kluge Nutzungslösungen, gut geplante Bauabschnitte, überschaubare Abläufe und realistische Finanzierungskonzepte sind die Eckpfeiler einer gelungenen Instandsetzung. Oft sind Reparaturen preiswerter als eine völlige Erneuerung, Lösungen mit historischem Material und ausgereifter Technik nachhaltiger als Materialien und Methoden eines Neubaus. Bei guter Pflege ist insbesondere Eichenfachwerk überaus haltbar, sodass sich Instandsetzung und Reparatur lohnen. Diese Baukonstruktion hat bereits bewiesen, dass

sie über 100 Jahre, oft 200 und mehr überdauert. Die Faszination des Fachwerkbaus hat sich bis heute gehalten.
Der Erhalt kulturhistorisch wertvoller Bausubstanz als wichtige gesamtgesellschaftliche Aufgabe ist immer ein Gemeinschaftswerk. Sie ist überall dort eine Erfolgsgeschichte, wo frühzeitig mit allen Beteiligten das Gespräch gesucht und individuelle, denkmalgerechte Lösungen gefunden werden. Die Sanierung eines Denkmals – gleich, ob es als solches in der Denkmalliste steht oder nicht – bedarf nicht nur eines engagierten und fantasievollen Eigentümers mit einem gewissen Maß an Flexibilität, sondern auch eines kompetenten Architekten. Diese finanzielle und zeitliche Investition in kompetente Bauplanung und Begleitung rechnet sich erfahrungsgemäß immer.

Die landläufigen gängigen Meinungsäußerungen über die Behinderung, Bevormundung oder gar Gängelung engagierter Denkmaleigentümer durch »die Denkmalpflege« sind Vorurteile: Dies kann die Deutsche Stiftung Denkmalschutz aus ihrer Arbeitserfahrung bestätigen, ebenso wie die Projekte in diesem Buch. Viele stolze Denkmaleigentümer präsentieren ihre neu gewonnenen Kleinode regelmäßig am Tag des offenen Denkmals einer interessierten Öffentlichkeit – durchweg ergänzt um Bilder des »Vorher«-Zustandes, an den man sich dann oft bewusst erinnern muss. Doch die Mühen haben sich immer gelohnt!

Annette Liebeskind
Ursula Schirmer
Deutsche Stiftung Denkmalschutz

DEUTSCHE STIFTUNG DENKMALSCHUTZ

Die 1985 gegründete Deutsche Stiftung Denkmalschutz hat zwei Ziele: bedrohte Kulturdenkmale zu bewahren und die Bürger für den Gedanken des Denkmalschutzes zu begeistern. Bisher konnte die Stiftung dank ihrer Spender und durch Mittel der GlücksSpirale mehr als 5.000 Denkmale bewahren helfen, davon 1.400 Fachwerkhäuser. Durch vielfältige Aktivitäten – Tag des offenen Denkmals, Jugendbauhütten, denkmal aktiv, Treuhandstiftungen, Monumente-Magazin – wirbt sie um Unterstützung für den Denkmalschutz.

www.denkmalschutz.de

Anhang

ARCHITEKTEN UND PLANER

Dipl.-Ing. Stephan Dreier
Bergstraße 16
65611 Brechen-Niederbrechen
www.dreier-denkmalpflege.de

Architekt Florian Hallmann
Kirchplatz 4
39539 Havelberg
www.hallmann-architekten.de

Kühnlein Architektur
Sollngriesbacher Straße 4
92334 Berching
www.kuehnlein-architektur.de

MIßFELDT KRAß ARCHITEKTEN BDA
Partnerschaftsgesellschaft mbB
Roeckstraße 11
23568 Lübeck
www.missfeldtkrass.de

qbatur Planungsgenossenschaft eG
Hölle 11
06484 Quedlinburg
www.denkmalkonzepte.de

Dipl.-Ing. (FH) Annette Sauerhammer
Hauptstraße 27
91593 Schwebheim

Büro für historische Bauforschung und Stadtsanierung
Gerd Schäfer, Freier Bauhistoriker
Im Haal 2
74523 Schwäbisch Hall
www.bauforschung-gerd-schaefer.de

Architekturbüro Dr. Schmitz-Riol
Planungsgesellschaft mbH
Herbststraße 9
99423 Weimar
Fuhrstrasse 12
8820 Wädenswil, Schweiz
www.schmitz-riol.com

Spooren Architekten und Partner mbB
Grüne Straße 8
33330 Gütersloh
Vertreten durch Inhaber:
www.spooren-architekten.de

BILDNACHWEIS

Dirk Daehmlow
www.horsthansmax.com
(Umschlagrückseite o.l., S. 73–76)

Deutsche Stiftung Denkmalschutz/M. Munzert (S. 171/3)
Deutsche Stiftung Denkmalschutz/M.-L. Preiss (S. 171/4)
Deutsche Stiftung Denkmalschutz/R. Rossner (S. 171/1+2)

Winfried Heinze
www.winfriedheinze.de
(Umschlagrückseite r., S. 109–114)

Yvonne Kirch
www.studio-b23.de
(vordere Umschlagklappe, S. 129–134)

Alexander Rudolph
www.domusimages.com
(S. 159–167)

Erich Spahn
www.erich-spahn.de
(S. 99–103)

Architekturfotograf Steffen Spitzner
www.steffenspitzner.de
(S. 41–46 und S. 91–94)

Die Fotos aus der Zeit vor der Sanierung und aus der Bauphase sowie die Planzeichnungen wurden freundlicherweise von den Architekten und Bauherren zur Verfügung gestellt.

Johannes Kottjé
(Umschlagvorderseite, Umschlagrückseite u.l., S. 5– 25, 31–37, 51–57, 61–68, 81–87, 119–125, 139–144, 149–153)
Die Fotos von Johannes Kottjé werden für nicht-kommerzielle Unterrichtszwecke und nicht-kommerzielle Zwecke, die dem Erhalt historischer Fachwerkhäuser dienen, kostenfrei vom Verlag zur Verfügung gestellt.

LITERATUR ZUM THEMA FACHWERKBAU

Gerner, Manfred: *Fachwerk – Entwicklung, Instandsetzung, Neubau.* München 2007

Großmann, G. Ulrich: *Fachwerkstraßen in Deutschland.* Stuttgart 2012

Hähnel, Ekkehart: F*achwerkinstandsetzung. rbeitsschritte – Fallbeispiele – Detailzeichnungen – Dokumente – Leistungsverzeichnis.* Stuttgart 2018

Kiesow, Gottfried: *Denkmalpflege in Deutschland. Eine Einführung.* Stuttgart 2000

Kottjé, Johannes: *Attraktiv wohnen in denkmalgeschützten Häusern. Gekonnt umgebaut und stilvoll renoviert.* München 2015

Lenze, Wolfgang: F*achwerkhäuser restaurieren – sanieren – modernisieren. Materialien und Verfahren für eine dauerhafte Instandsetzung.* 10. Auflage, Stuttgart 2016

Schmitt, Leo: E*inführung in die Denkmalpflege.* Darmstadt 2008

Stiewe, Heinrich: *Fachwerkhäuser in Deutschland. Konstruktion, Gestalt und Nutzung vom Mittelalter bis heute.* Darmstadt 2015

INTERNETSEITEN

DNK (Hrsg.): Denkmäler im Privateigentum –
Hilfe durch Steuererleichterungen.
www.dnk.de/_uploads/media/
2075_10_DNK-Denkmaeler-Privateigentum-Bd-59.pdf

Vereinigung der Landesdenkmalpfleger
www.denkmalpflege-forum.de/in_den_Landern/
in_den_landern.html
Adressen, weiterführende Links auf Landesebene

Fraunhofer Institut
www.irb.fraunhofer.de/zdh/
Adressen ausgezeichneter Handwerksbetriebe:
»Handwerksbetriebe für die Denkmalpflege«

Restaurator im Handwerk e.V.
www.restaurator-im-handwerk.org
Adressen geprüfter »Restauratoren im Handwerk«

DenkmalAkademie der Deutschen Stiftung
Denkmalschutz
www.denkmalakademie.de
Seminarangebote für Eigentümer

Rettet die Fachwerk- und Sandsteinhäuser! e.V.
www.rettetdiefachwerk-undsandsteinhaeuser.de
Private, sehr engagierte Initiative

www.fachwerk.de
Internet-Forum zum Thema

IMPRESSUM

MIX
Papier aus verantwortungsvollen Quellen
FSC® C106600

Verlagsgruppe Random House
FSC® N001967

1. Auflage

Neumarkter Straße 28
81673 München

Grafische Gestaltung und Layout:
Susanne Hermann/DVA
Lithografie: Schnieber Graphik GmbH, München
Druck und Bindung: DZS Grafik, Slowenien
Dieses Buch wurde auf dem FSC®-zertifizierten Papier *Profisilk* gedruckt.

Printed in Slovenia
ISBN 978-3-421-04067-1
www.dva.de